Friedrich Naumann

„Asia“

Eine Orientreise über Athen, Konstantinopel, Baalbek, Nazareth, Jerusalem, Kairo, Neapel

7. unveränderte Auflage

Berlin 1913
Verlag von Georg Reimer

Inhalt.

Die zehn ganzseitigen Bilder zeichnete Pfarrer Julius Hartmann in Dornhan (Württemberg). Die achtundvierzig Skizzen im Text sind vom Verfasser.

Zum Orient blicken die Menschen des Abendlandes mit einer unklaren Fülle von Gefühlen. Der Politiker denkt an die ungelösten Schwierigkeiten der orientalischen Frage, der Dichter träumt von orientalischer Poesie, in der die Sterne noch ganz anders blitzen als am deutschen Himmel, der Künstler ahnt in weiter östlicher Ferne Lichter und Farben, die die Heimat nicht bietet, der Menschenfreund weiß im Morgenland Nöte so blutig und gräulich wie kein Elend zu Hause, der Christ und der Jude möchten den Jordan gern sehen und das wunderbelebte, ihnen von Kindheit vertraut gewordene heilige Land. Jeder sucht etwas, was sie aber suchen, ist so verschieden, daß es kaum möglich sein kann, allen ihren Interessen zugleich zu folgen, besonders wenn in sechs kurzen Wochen der Weg von Genua über Athen, Konstantinopel, Damaskus, Palästina, Kairo und Alexandrien wieder nach Genua gemacht werden soll. Von allem gewinnt man bei einer solchen Reise etwas, man findet Naturschönheit, Kunst, Völkerkunde, Religionseindrücke und politische Erkenntnisse, aber freilich, es ist in jeder Hinsicht nur etwas, nicht alles. Wer darum die Feder ansetzt, um von seiner Orientreise zu schreiben, kann mit nichts anderem beginnen, als mit der Bitte an den Leser, niemals zu vergessen, daß es nicht ein Orientforscher ist, dessen Worte er vor sich hat, sondern ein Reisender, der oft gerade dann von einem Orte Abschied nehmen mußte, wenn er eben erst anfing, den Ort zu verstehen. Auch gute vorangehende Studien können diesen Mangel nicht ersetzen. Eine Reisebeschreibung bleibt Stückwerk. Soll sie aber deshalb nicht geschrieben werden? Viele Tausende können niemals ins Morgenland fahren, auch können sie keine tiefen und schweren Quellenwerke lesen. Sie sind zufrieden,

Augenblicksbilder zu bekommen, wenn nur der Berichterstatter ihnen treu und klar das wiedergiebt, was er sah und wie er's sah. In diesem Sinne bieten wir uns dem Leser an. Will er im Geiste mit uns reisen, so soll er uns willkommen sein. Auf, laßt uns fahren!

* * *

Nein, laßt uns noch nicht fahren! Es müssen einige Dinge vorher besprochen werden. Der Leser will wissen, wann und mit wem die Reise vor sich ging. Es war nicht zur gewöhnlichen Zeit der Orientfahrten, nicht zu Ostern, sondern im Herbst. Zu Ostern feiern in Jerusalem alle Konfessionen, im Herbst 1898 aber feierten in besonderer Weise nur die Evangelischen in Jerusalem, deren „Erlöserkirche" eingeweiht werden sollte. Das ganze Morgenland aber wartete darauf, bei dieser Gelegenheit den deutschen Kaiser zu sehen. Das verlassene Land voll alter Herrscherlegenden wollte einmal wieder Fürstenglanz sehen. Auf seiner „Hohenzollern" fuhr Wilhelm II. über Konstantinopel nach Jerusalem, mehrere Reisegesellschaften aber führten zu gleicher Zeit Hunderte von Deutschen in dieselbe Ecke der Welt. Die Fahrt „Asia" wurde von der Gesellschaft Palmer-Kappus & Co. veranstaltet, deren geistiges Haupt der bekannte Palästinakenner Dr. Benzinger ist. Die Mitglieder der Reise, über hundert an Zahl, waren bunt gemischt, nach Beruf und Meinung. Etwas stark war das theologische Element vertreten, nicht zu verwundern bei einer Fahrt nach Jerusalem.

Ein Theologe, ein „politischer Pastor" ist es, der das folgende schreibt. Es kann aber sein, daß er gerade seinen Fachgenossen am wenigsten Freude machen wird. Doch was hilft es? Ein Reisebericht soll wahr sein, auch da, wo er Überlieferungen und weit verbreitete Ansichten stört. Ich bemühe mich, niemanden zu verletzen, aber zugleich trage ich Sorge, kein wichtiges Stück des geistigen Reiseertrages zu verschweigen. Wem die religiösen Erörterungen dieses Büchleins etwas bitter sein werden, der findet dann vielleicht desto mehr Gemeinsames in der deutschnationalen Auffassung unserer politischen Aufgaben im Orient oder in der von allem religiösen und politischen Streit freien Freude an der Landschaft.

Wem soll man eigentlich die Landschaften beschreiben? Dem, der sie sah, oder dem, der sie nicht sah? Dem ersteren weckt man Erinnerungen, die er in sich trägt, aber was kann man dem letzteren bieten? Alle Worte sind nicht imstande, einen einzigen persönlichen Blick auf den Bosporus, den Libanon oder den Nil zu ersetzen. Mühsam muß der Abendländer, der immer nördlich der Alpen blieb, seine Phantasie anstrengen, um aus den Worten der Orientfahrer sich wirkliches Leben herauszuträumen. Etwas können ihm dabei Bilder helfen. Deshalb soll auch unsere Reise nicht ohne Bilder beschrieben werden. Freilich Künstler von Fach sind es nicht, die dieses Mal malten. Zwei Theologen, die auf der Reise Freundschaft schlossen, haben Stift und Feder angesetzt. Es kann sein, daß sie sich von der Kunstkritik müssen meistern lassen, aber eins haben sie doch für sich: in ihren Bildern ist eigene persönliche Erinnerung lebendig. Der Zeichner der großen Bilder ist Pfarrer R. Jul. Hartmann aus Dornhan in Württemberg, ein Mann, der sonst Schwarzwaldtannen und Kalkwände des schwäbischen Jura zeichnet, und der Zeichner der kleineren Bilder und Skizzen ist der Verfasser der nachfolgenden Zeilen. Die Kunst ist eine weite Sache und braucht allerlei Diener, auch solche, die ihr nur gelegentlich, aber von Herzen ihren Zoll darbringen.

* * *

In klarer Mondnacht fuhren wir über den Gotthard. Schon manches Mal hatten wir diese Strecke gesehen. Dieses Mal schien uns der lange Tunnel die Pforte zum Lande der alten Kultur überhaupt zu sein. Wir hatten viel vor uns: Italien, Griechenland, Byzanz, Syrien, Palästina, Ägypten — viel Weltgeschichte, viel Tod und Leben! Unwillkürlich dachten wir an ein Wort Viktor von Hehns, des leider zu wenig gelesenen Kulturhistorikers, der die Alpen als Grenze zwischen Europa und der Wüste Sahara bezeichnet. Es war gut, sich eines solchen Wortes zu erinnern, ehe man in die Gebiete der waldlosen Kahlheit kam. Wahrhaftig, wer

Saft und grünen Blätterzauber braucht, der bleibe am Gotthard, er versuche, etwas Italien zu sehen, aber er besteige nie das Schiff, das nach Palästina fährt! Am wenigsten reise er im Herbst zum trockenen Orient! Wer aber stark genug ist, um auch das Kahle und Öde schön finden zu können, der lasse alle deutschen Naturgedanken zu Hause, vergesse Schwarzwald, Harz und Ostsee, und fahre in die Weite, wo die Knochen der Erde unverhüllt im Sonnenbrande liegen!

* * *

Die Nacht ist dunkel, einzelne Sterne leuchten zwischen schweren Wolken, die Flut rauscht um die Schiffswände, singende Menschen sitzen auf dem Verdeck. Unter einem elektrischen Glühlicht breitet sich eine rote Tischdecke, und rings um die rote Fläche herum glänzen aus schwarzem Hintergrund heraus hell beschienene Gesichter von Leuten, die sich gestern noch nicht kannten, und die doch schon heute abend sich als eine Gesellschaft zu fühlen beginnen. Über das Mittelmeer klingt „Deutschland Deutschland über alles", „Jetzt gang i ans Brünnele, trink aber nit", „Wenn ich den Wanderer frage" und was solcher Lieder mehr sind, die in jeder deutschen Brust leicht schlummern und schnell geweckt werden können. Es scheint, als hätten an diesem ersten Abend die Süddeutschen die musikalische Führung. Ob sie unter den Gästen der „Asia" überhaupt die Mehrzahl sind, kann ich heute noch nicht sagen, jedenfalls aber stellt Sachsen neben ihnen die meisten „Orientalisten". Es ist ein Stimmen der Instrumente, in das alle deutschen Dialekte hineinklingen. Eben ruft ein mecklenburgischer Pastor an den Schiffsrand, damit wir sehen, wie der Mond über die Campagna heraussteigt, sich zwischen den Nachtwolken seinen Platz sichert und nun von dort aus das Wasser mit einem Streifen blendend schöner Mondfreude begießt. Er ist schon alt genug, um sich der Zeiten zu erinnern, da nur dürftige Kähne der Tyrrhener hier schaukelten, wo heute italienische und deutsche Dampfer stolze, glitzernde Furchen ziehen. Wie lange mag er überhaupt schon geleuchtet haben, ehe das Menschenvolk in seiner glutlosen Helle zu rudern begann! Der Mond, die Wogen, der schwarze Streifen flachen Küstenlandes sind das bleibende im Bilde, wir selbst mit unseren Lichtern und lachenden Gesichtern, mit unseren Liedern und träumenden germanischen Augen sind schwebende, zerstäubende Elemente. Heute führte uns der Ruf nach der Levante hier zusammen. Wo werden wir morgen sein? Wo übers Jahr?

* * *

Das Wasser bleibt sich überall gleich. So wie es jetzt zwischen Rom und Sardinien blau und fröhlich uns umkreist, so fanden wir es schon da, wo die Schiffe von Hamburg und London sich grüßen, und dort, wo

blonde Dänenkinder zwischen den Klippen von Bornholm sich baden. Immer da, wo Sonnenlicht und Himmelsblau in die Welle hineinschaut, entsteht der Zauber des Spieles einfacher, tief innerlich befriedigender Farben. Das Auge liebt die Welle, die Welle aber stirbt vor dem Auge, indem sie nur ein paar weiße Blumen zur Erinnerung auf die Tiefe wirft, in der sie endet. Es ist ein ewiges Grüßen und Abschiednehmen. Ganz

Insel Gorgona.

leise Regungen von Lust und Wehmut steigen in der Seele auf und ab. Man weiß kaum, was man erlebt, aber man wird von einer Art Andacht umsponnen, die keinen eigenen Inhalt hat und doch Platz und Zeit im Gemüte braucht. Wie alles Wechseln von Gefühlen macht auch dieses leichte Steigen und Sinken des Gefühls, verbunden mit dem Schwanken des Schiffes und mit dem lauen Wehen des Windes vom Wüstenlande her, die Menschen müde, gleichsam dürstend nach Nichtsthun. Wer Menschen bei hellem Tage in Haufen schlafen sehen will, der komme zu uns! Oben auf der breiten Brücke in der Mitte der „Asia“ liegen Deutschlands Söhne und Töchter und lachen und necken sich gegenseitig in einen echt italienischen Schlaf hinein! Wahrhaftig, wenn wir immer hier leben sollten, wären wir ein anderes Volk! Gott segne uns unseren grauen Himmel! Er hat weniger Freuden, aber mehr Kraft in sich, als dieser Himmel südlich der Alpen. Wer aber einmal oder ein anderes Mal durchs schwarze Thor des Gotthardberges fahren kann, um Sonne zu trinken, der soll es thun. Es ist, wie wenn die Mütterchen der deutschen Dörfer Holz sammeln im Walde. Sie und wir sammeln Wärme für die Zukunft, für den Winter, für die graue Sorge, für das Alter. Dort sitzt einer, der Sonnenstrahlen mit den Augen sammelt, er weiß aber selbst nicht, daß er es thut!

* * *

In den heißen Kabinen warten müde Menschen vergeblich auf Schlaf. Einige Glückliche zwar ruhen in der Glut der südlichen Nacht so sanft wie am Main oder im Thüringer Walde, von den anderen aber kriecht einer nach dem andern aus seinem Loche und sucht sich eine kleine Morgenruhe auf Deck. Dort hat eben der Vertreter der Dampfschiffahrtsgesellschaft (navigazione italiana) sein Plaid sorgfältig über die Hängematte gebreitet und verschwindet mit seinem weißen Habit in der braunen Umhüllung. Ein Divisionspfarrer lagert auf Deck wie ein Engel von Correggio oder sonst einem Maler, der freie Situationen liebt. Alles schweigt. Es ist noch nicht die Zeit, wo man es wagen darf, sich guten

Seestimmung.

Morgen zu sagen. Das Meer liegt noch mit dem Himmel zusammen in blaugrauer Umarmung, ein einzelner Leuchtturm brennt drüben an der Küste, traumhafte Wellen springen rechts und links um unser Schiff, es ist so recht ein Augenblick für Dämmergeister.

Wer ist das eigentlich, der dort auf der Bank sitzt, wo die Schiffstaue wie Schneckenhäuser gewunden liegen? Ich muß ihn kennen, denn er ist mir schon einmal im Leben begegnet. Hierher gehört er aber ganz und gar nicht, denn er ist ein Bettelmann und ein Narr! Aufs Schiff gehören nur Beamte, Diener und Passagiere mit guten Kleidern. Was in aller Welt will hier der heilige Franziskus! Es ist toll, wie er lacht. Früher konnte ich sein Lachen besser vertragen, als jetzt, denn ich merkte noch nicht, daß es kein Kinderlachen war, kein Lachen weder eines Gotteskindes noch eines Weltkindes. Warum lacht das Gespenst eigentlich heute früh hier auf dem dunklen Schiff? Es lacht aus Gram, für den es keine Worte findet, ja fast möchte ich sagen, es lacht aus geschichtlicher Verzweiflung. Seit mehr als sechs Jahrhunderten giebt es den Geist des heiligen Franziskus und nie, nie sind die Leute diesem Geiste treu geblieben. Immer neue Jugend hat der Bettler an sich gezogen und hat ihr gesagt: arm wie Jesus diene den Armen! Als aber die Jugend das Leben sah, wurde sie praktischer, diente der Kirche oder dem Staat, der Familie oder dem Geschäft, ging in geordnete Klöster oder trug sittsam das Mäntelchen der Tertiarierinnen, aber den ursprünglichen wilden Narrengeist, den feurigen, blinden Bettlergeist des heiligen Franz konnte sie nicht halten. Franziskus wundert sich, daß ich Wein trinke und an langer Tafel speise. Er hält das für unchristlich. Er ist nur deshalb auf das Schiff gekommen, um sein Sprüchlein zu sagen: arm diene den Armen! Ich fange an, ihm zu antworten, daß er selbst zur Beseitigung der Armut nichts gethan hat, daß er mitschuldig ist an Italiens frommer Bettelwirtschaft, daß er von Arbeit, Volkswirtschaft und Fortschritt nichts versteht, daß seine Methode nichts ist, als die Verklärung des Elends, das von ihm gar nicht beseitigt werden soll, — da war er weg, denn für Logik ist nun einmal der heilige Franz nicht sehr zu haben. Er ging durch den Nebel über das Wasser nach Neapel hinüber, dorthin, wo es ewig Bettler geben wird, denen ein kupferner Soldo und ein Vormittag am faulen, schönen Strande lieber ist, als aller methodische und praktische Sozialismus.

* * *

Der letzte Nachmittag vor unserer Seefahrt wird auf dem Schiff noch eifrig weiter besprochen. Wir waren auf dem Campo santo, dem berühmten Kirchhof von Genua. Niemand wird verlangen, daß ihm die zahllosen Kunstwerke des Totenfeldes von Genua im einzelnen beschrieben werden. Was kann auch eigentlich eine Beschreibung der modernen italienischen Marmorkunst dem nützen, der sie nicht sah? Wenn man bloß erzählt, daß sich hier schöne und weniger holde Wittwen in Naturgröße am Relief des toten Gatten in Marmor ausstellen lassen, daß hier die berühmte Hökerin steht, die ihren Erben den tiefen Schmerz anthat, alles gesammelte Geld an ihre eigene, interessante, aber nicht ideal schöne Person zu wenden, um nun „wie sie leibt und lebt" im weiten Kreuzgang gesehen zu werden, wenn man allgemeine Worte wie Naturalismus und Sentimentalität als Endurteile gelten läßt, dann wird man doch diesem Wald von lebendigem Marmor nicht gerecht. Es wäre gut, wir könnten unter unserem Himmel eine solche Kunst haben! Jedenfalls giebt es kein Museum, das mehr Kunst fürs Volk bietet, als dieser Kirchhof. Ob die religiöse Wirkung der Bildwerke eine starke ist, mag trotz mancher wahrhaft tiefer Marmordichtungen bezweifelt bleiben. An schlichter biblischer Frömmigkeit steht mancher deutsche Gottesacker über der Totenstadt von Genua. Auch fehlt uns an den italienischen Gräbern der Lebensbaum, die Trauersche und der Topf mit Vergißmeinnicht. Aber was für Künstlerfleiß, was für Versenkung in das Leben der Gegenwart! Es scheint, als ob die Treue der Darstellung nicht weiter gesteigert werden kann. Wenn aber eine Kunst, die bisher der Allegorie und der Mythologie diente, wenn die Skulptur, die bisher nur Halbgötter, Propheten und Könige bildete, ins Bürgerleben hineintritt und Leuten ohne Szepter und Krone zu einer volkstümlichen Unvergeßlichkeit verhilft, dann muß sich jeder darüber freuen, der die Kunst der Masse schenken möchte. Es ist demokratisierte Skulptur. Darin liegt ihr Vorzug und zugleich ihr Mangel.

* * *

Die fleißigsten der Schiffsgäste sahen einige Stunden nach Mitternacht den Feuerschein des Vulkans von der Insel Stromboli. Die Mehrzahl aber der Schläfer kam erst herauf, als Sizilien sich nahte. Über Kalabrien ging die Sonne in die Höhe. Die blaue, lange Wand über dem schlafenden Lande bekam eine goldglänzende Borte an ihrem oberen Rande. Das

Gold nahm zu, eine Wolkenspitze nach der anderen wurde erobert; Blau, Rot, Violett, Orange, Gelb kämpften einen phantastischen Kampf von einem Ende des Himmels zum anderen, grelle Dissonanzen brannten vom Festland nach Sizilien hinüber, die blaue Ruhe des konservativen Regiments der Nacht ging durch blutrote, goldschäumende, angstvoll herrliche Revolution zu einem neuen besseren Zustand über. „Die Sonn' erwacht mit ihrer Pracht." Ihr erster Strahl trifft die Weinberge nördlich von Messina. Wir sitzen vorn am Kopf des Schiffes und lassen uns auf- und niederschwanken, eine Art der Morgenfeier, die nicht allen gleich gut bekommen ist. Dort liegt Messina, Häuserreihen am Strande, einzelne Häuser

Sonnenaufgang bei Sizilien.

wie zerstreute Zuckerstücke an allen Bergen, graue Mauern auf den Höhen, und nebelhaft, kaum zu fassen, der Ätna über dem Ganzen. Unsere Augen

Sizilische Küste.

haben genug zu thun, allen Linien nachzulaufen, wir vergessen die ganze alte Geschichte von Thrinakia und Syrakus, von Odysseus zwischen Scylla und Charybdis, wir vergessen auch Garibaldi und seinen kühnen Zug von hier bis vor die Thore Roms; was bedeutet dieser ganze Kram, wenn man Gegenwärtiges zu genießen hat? Nichts hätte uns von dem Bilde losreißen können, wenn nicht der Kellner gekommen wäre und auf italienisch gesagt hätte: Meine Herren, der Kaffee ist fertig!

* * *

Heute nachmittag waren zwei „Sitzungen“, ganz als ob wir in Frankfurt wären. Ein Unterschied aber lag doch zu Tage. Wir „saßen“ auf hohem Bord, unter freiem Himmel, südlich vom europäischen Festland. Kap Matapan, dessen kleiner Leuchtturm uns entgegenrückt, ist der südlichste Zipfel am bunten Kleid der alten Mutter Europa. Kahle Berge vom Peloponnes schieben sich rot und grau aneinander vorüber, wir aber beraten, ob die „Andachten“, die jeden Morgen um 9 Uhr auf dem Schiff gehalten werden, als Erinnerungsbüchlein an die Pilgerfahrt gedruckt werden sollen. Niemand ist selbstverständlich zur Teilnahme an der Andacht genötigt, aber die Mehrzahl der Schiffsgenossen vereinigt sich gern täglich zu Gesang, Ansprache und Gebet. Es sind mancherlei Gaben, jede in ihrer Art persönlich wertvoll, die uns geboten werden. Der Boden Griechenlands hilft mit, die Mission des Paulus lebendig ins Gedächtnis zu rufen. Soll dies festgehalten werden? Da wir zwanzig Theologen verschiedenen Ursprungs und verschiedener Farbe an Bord haben, so könnte etwas entstehen, was sonst nicht so leicht wieder so eigenartig möglich wäre. Immerhin überwiegen die Gegengründe. Andachten sollen nicht Litteraturgaben sein, sondern schlichte, aus dem Augenblick geborene Herzensergüsse. Wer weiß aber, ob nicht „das Schiff der Konsistorialräte" das thun wird, was die „Asia" zu thun eben abgelehnt hat? — Die zweite südeuropäische Sitzung beschäftigte sich mit der bevorstehenden Führung durch Athen. Man will den Sonntag zusammenbleiben, aber am Montag drei Gruppen machen, für Naturfreunde, Ruinenfreunde und Kunstfreunde. Den Schluß der Sitzungen bildeten die von einem Frankfurter Stadtpfarrer gesprochenen Worte: „Kinner, nu san mer fertig, nu könne mer widder nix thun." Nach diesen Worten versenkten wir uns in den Anblick des dicht vor uns liegenden Hellas.

* * *

Es hat sich auf dem Schiff ein „Verein der besseren Junggesellen" gebildet. Vielleicht können wir später einiges aus seinen Statuten mitteilen, die den an Bord anwesenden Vertretern der Presse zugestellt werden sollen, für heute genügt es, zu sagen, daß der Verein gestern abend sein Stiftungsfest abhielt. Beleuchtung: griechischer Sternenglanz. Ort der Polonaise: ganzes Schiff. Orchester: das Schiffspiano. Verlauf: befriedigend. Wie man hört, soll auch ein „Verein der besseren Jungfrauen" gegründet werden.

* * *

früh um vier Uhr sind wir zu viert in der Kabine auf Deck. Zwei schlafen, einer schreibt während der ganzen Nacht Ansichtspostkarten, einer macht den ersten Reisebericht für „Die Hilfe" fertig. Während der Wind an den Luken klappert und von der Seeschlacht bei Salamis erzählt, streichen wir flott durch die Wellen, Athen entgegen.

* * *

Wovon leben eigentlich die Athener? Die Stadt hat über 100000 Einwohner, alle Straßen sind voll Verkaufsläden, und alle Waren, die nicht Obst oder Getränke sind, tragen völlig das Gepräge des Abendlandes. Selbst die kleinen weißen Marmorgötter, die wir in der Straße des Epaminondas oder in der Nähe des Platzes der Verfassung fanden, sahen uns so vertraut an, als wären sie irgendwo an der Saale oder Mulde gemacht worden. Man verkauft in Athen dieselben Schuhe, Kragen, Shlipse, Puppen, Gläser wie in Leipzig. Es berührt den Fremden geradezu peinlich, so wenig originelles, griechisches Gewerbe in den Fenstern von Athen zu finden. Einige Fabriken sind ja am Platze, aber sie verschwinden im ganzen des athenischen Handels. Von sachverständiger Seite wird uns gesagt, daß Athen so gut wie gar keine eigene Ausfuhr hat. Womit bezahlt es also seine Baumwolle, sein Eisen, seine ganzen Kulturartikel? Wir konnten gestern und vorgestern von dieser Frage nicht loskommen und gestehen, daß sie uns mehr beschäftigt hat, als die athenische Kunst. Die Kunst der alten Griechen ist etwas abgeschlossenes, fertig gewordenes, aber das Leben der jetzigen Griechen ist geradezu ein sorgenvoll spannendes Drama. Mit den Griechenliedern Ottfr. Müllers begann Europas Interesse an seinem südlichsten Gliede; Grieche zu sein, war ein Jahrzehnt lang ein Ideal, dem selbst ein Bayernkönig fast seine gute, deutsche Krone geopfert hätte, für die athenischen Schlösser und Museen zahlten die Bauern am Chiemsee, für die Hellenen wagten die Großmächte bei Navarino ihre Flotten, es gab einen Eifer politischer Selbstlosigkeit, wie er selten die alte selbstsüchtige Gesellschaft von Westeuropa erfaßt hat. Wie aber steht es nun? Wenn heute jemand vom Volke des Leonidas redet, so hält er

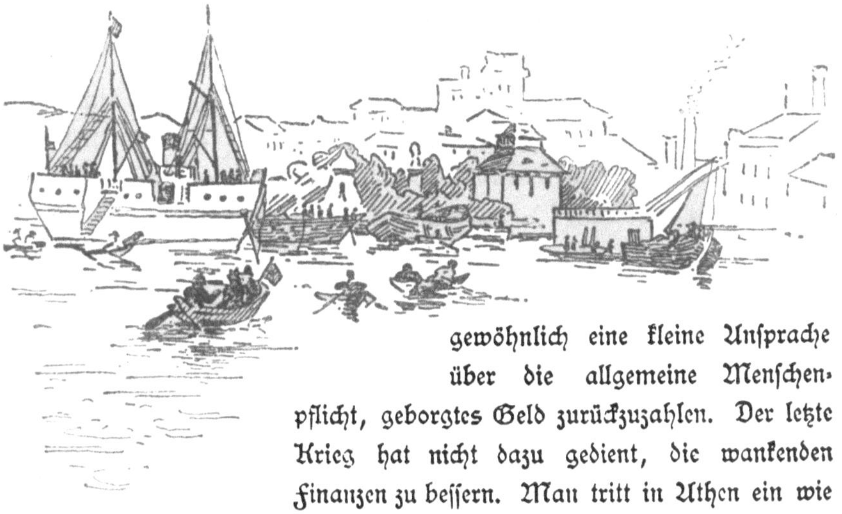

gewöhnlich eine kleine Ansprache über die allgemeine Menschenpflicht, geborgtes Geld zurückzuzahlen. Der letzte Krieg hat nicht dazu gedient, die wankenden Finanzen zu bessern. Man tritt in Athen ein wie in ein Bankhaus, von dem man weiß, daß es schon am Konkurs stand. Wie werden die „schuldbeladenen" Griechen aussehen? Man sucht in ihren Augen, in ihrem Gang, in ihren Anlagen ihre Zukunft zu lesen, und man liest wenig tröstliches heraus. Die Menschen sind elastisch, biegsam, gewandt, aber nicht straff. Es scheint, daß sie ein leidlich gutes Material sein könnten, wenn sie von einem festen Willen kommandiert werden, aber als souveränes Volk erscheinen sie nicht nur uns, sondern auch anderen, weit landeserfahreneren Beurteilern einfach lächerlich. Wenn man auf dem Stein steht, wo Demosthenes gesprochen haben soll, wirkt es verblüffend, sich auszudenken, daß seine Zuhörer Leute gewesen seien, wie sie jetzt in Athen unter den Hausthüren stehen und auf den Mauleseln sitzen. Man verliert in dem Moment den Respekt vor dem Manne der Olynthischen Reden, wo man ihn unter die Neuhellenen setzt. Als einst begeisterte Lehrer uns den Sophokles erklärten, da bevölkerten wir das athenische Theater nur mit hehren, tief angelegten Geistern. Das war vielleicht zuviel des guten, aber etwas Recht muß der Jugendgedanke behalten. Es hat eine andere Rasse hier geschafft, als dieses heutige Volk. Sokrates kann von einem solchen Volke nicht in das steinerne Loch geworfen worden sein, das der Fremdenführer vor uns aufschloß, denn auch dazu, einen Sokrates

Der Hafen Piräus.

zu töten, gehört inneres Mark. Wir nahmen mehrere der athenischen Zeitungen zur Hand und versuchten sie zu lesen. Neugriechisch zu lesen ist für den deutschen Gelehrten viel leichter als es gesprochen zu verstehen. Man kann ohne besondere Not den Leitartikel entziffern, aber wenn man es gethan hat, verlohnt sich die Mühe nicht, denn im Durchschnitt kennen wir dieses theoretische, geschichtslose Gewäsch schon genug aus der geringen Litteratur des deutschen Liberalismus. Es sind große Kinder, die in den Kaffeehäusern sitzen, oft überraschend jugendlich im Aussehen trotz vorgeschrittenen Alters, die jetzigen Stiefkinder Europas, ein armes Volk, gleichsam heruntergekommener Adel.

* * *

Wenn wir früher lasen, die Neugriechen seien ein Volk von „Schuhputzern", so hielten wir diese Redewendung für bildlich gemeint. Heute fassen wir sie sehr wörtlich. Nirgends in der weiten Welt sitzen soviel berufsmäßige Schuhputzer an allen Kaffeehäusern, Plätzen und Straßen, wie in Athen, aber freilich, nirgends ist es auch so staubig. Ob wohl schon Sophokles in diesem endlosen Staube geatmet hat? Ob dieser Staub schon auf der Straße von Athen zum Piräos lag, als die Athener ihre langen Mauern bauten? Der brandenburgische Sand ist in unseren Augen kein so bedeutendes Hindernis geschichtlicher Größe wie dieser Geist und Leib, Kleid und Kunst verfolgende Staub. Als wir in Athen waren, hatte es sieben Monate nicht geregnet. Abhänge und Felder waren tot. Man sagte uns aber: Kommen Sie wieder, wenn alles grünt! Es giebt für Athen einen jährlichen Frühling seiner Ölbäume und Melonen. Dann wächst selbst Blatt und Blüte am Wege zur Akropolis. Wer jetzt hinaufsteigt zum Tempel der Athener, geht einen grauen Weg, steigt über Geröll und Schutt und sieht unter sich eine so eintönig graue Stadt, daß es ihm fast verwunderlich scheint, im Theseustempel und auf der Burg einen Marmor zu finden, der trotz seines Alters einen warmen Ton hat. Wenn man von Marmorbauten etwas menschliches sagen dürfte, würden wir behaupten, daß die ältesten und besten Baudenkmale Fleischfarbe besitzen.

Die Akropolis.

Sie sind alt, aber nicht grau geworden. Noch jetzt reden sie eine Sprache direkt zum Menschen, bei altem Gemäuer eine seltene Sache.

* * *

Der Athenetempel, das Pantheon, die Sophienkirche, der Kölner Dom, die Peterskirche — der Frankfurter Bahnhof. Gern hätten wir auch an letzter Stelle dieser Reihe eine Kirche genannt, aber wahrhaftig unsere Berliner Gedächtniskirche und ähnliches paßt nicht in diese Familie. Eine Kirche für die Zeit der Eisenkonstruktion ist noch nicht da. Man arbeitet gerade im religiösen Bau bei uns mit den Brocken der Vergangenheit. Als die Athener ihren Parthenon bauten, war dieser für sie fromm und modern zugleich, er war ganz wahr, nicht wie die meisten unserer Kirchen halbwahr, denn hier redete die lebendige athenische Gegenwart in dem damals neuesten und besten Element. Nach Athen gehören diese dorischen Säulen, nicht nach München oder Potsdam. Wir wollen unseren Stil gewinnen mit unseren Hochöfen und Glashütten, mit unserer Skulptur und unserer Farbe. Am Abhang der Akropolis haben wir uns gesagt: Hier ist etwas in seiner Art vollkommenes; man muß es ruhig hier lassen und bewundern, es fortsetzen zu wollen hat keinen Zweck. Es giebt keinen Parthenon und kein Theseion außer in Hellas.

* * *

Gestatten Sie, daß ich Ihnen unseren Kapitän vorstelle! Er ist ein Italiener, der national und religiös zugleich denkt, wie man weiß, eine in Italien nicht besonders häufige Mischung. Er verlangt gelegentlich einen Bischof für Italien, da ja der Papst für die ganze Welt sei und deshalb den Italienern nichts nütze. Wenn wir nicht etwas Mühe hätten, uns gegenseitig zu verstehen, würden wir gewiß viel zusammen sprechen. Neulich fragte ich ihn über die Griechen. Noch nie hat er so lebhaft geredet wie bei dieser Sache. Man erlaube, daß ich nichts von seinen brennenden Augen sage, sondern nüchtern und kurz den Inhalt des Gespräches wiedergebe. Die Italiener, so sagte er, sind die einzigen, die imstande sind, die Griechen zu verstehen, denn auch wir sind ein altes Volk, das sich vor dem Sterben aufzuraffen sucht. Der Deutsche weiß nicht, welche Schwierigkeit das ist. Während aber die Italiener ein Volk wesentlich einheitlicher Abstammung ist, so sind die Griechen nicht die Kinder des Epaminondas und Demosthenes. Sie sind alte Kinder mit einer großen Idee. Wer hat in der Levante sonst eine Idee? Die Türken sind die Herren gewesen, wollen aber nichts anderes mehr als sich halten. Sie sind und bleiben Barbaren. Gegen die Macht der Russen, die in die Levante dringt, giebt es nur einen Widerstand: die Griechen! Selbst der letzte verlorene Krieg war für sie ein Fortschritt. Es ist wahr, daß griechische Offiziere während der Schlacht im Kaffeehaus gesessen haben. Ich weiß, daß Sie solche Offiziere töten würden! Aber Sie haben nicht viele Jahrhunderte voll Türkenknechtschaft hinter sich. Das hat die Griechen demoralisiert, sie haben alle Laster der alten Griechen ohne ihre Vorzüge, und doch sind sie allein ein beachtenswerter Faktor im türkischen Reich. Ich glaube an ihre Zukunft.

* * *

Ob die heutigen Griechen Kunstsinn haben, ist mir wenigstens zweifelhaft. Man müßte längere Beobachtungen anstellen, um ein bestimmtes Wort sagen zu können. Was man in den Straßen sieht, ist kunstlos langweilig. Eine Stadt von architektonischem Charakter, wie es das alte Athen war, wie es Dresden, Kopenhagen und viele unserer älteren Kleinstädte sind, ist das neue Athen nicht. Die öffentlichen Gebäude sind klassisch monoton, die Privatgebäude sind in ihrer Mehrzahl zu arm, um Kunst zeigen zu können. Zu arm! Das ist das Lied auf allen Gassen. Ein Unternehmer sagte: wer jetzt mit Geld nach Athen komme, könne alles machen. Die Arbeitskräfte werden billigst zu haben sein, und in der That, selbst schlechtgelohnte Arbeit ist besser als gar keine. Es giebt ja einzelne reiche Leute in Athen, Kaufleute, die sich nach erfolgreichem Handel in Smyrna oder Konstantinopel oder Alexandria zum Ölbaum der Athener zurückgezogen haben, aber neben ihnen streckt alles die Hände aus nach dem Dinar, der erst kommen soll. Selbst anständige Kreise, Männer und Frauen, gelten als käuflich. Immerhin aber ist anzuerkennen, daß dasjenige, was es von Geschäft, Bank, Arbeit giebt, in griechischen Händen liegt. Vielleicht ist es gut, wenn diese Nation zunächst weniger an Kunst denkt als an Mühe. Von Griechenland her stammt ja der Spruch, daß vor die edlen Eigenschaften die Götter den Schweiß gesetzt haben.

* * *

Eine stille Morgenstunde verlebte ich allein im königlichen Garten von Athen. Hier ist kein Staub, keine schäbige, neugriechische Noblesse, sondern künstlerisch gepflegte südeuropäische Natur. Prachtgestalten von dunklen Cypressen ragen wie zackige Türme aus leichterem, hellerem Grün heraus. Die Cypresse ist ein sehr merkwürdiger Baum, gleichsam ein Mensch ohne Anmut mit großer künstlerischer Begabung. Als Einzelwesen ist sie rauh und spitz, und als Glied der Landschaft ist sie von unvergleichlicher Kraft. Wir sahen dunkle Cypressen wie schwarze Geister vor der rötlichen Wand der Akropolis stehen. Um sie herum wuchsen Palmen und Orangen. Die Musa breitete ihre flachen, zerfetzten Blätter aus, Hände, die nach Luft und Sonne greifen. Bänke im Schatten von Steineiche und Taxus luden den Wanderer ein, etwas über Griechentum und Deutschtum zu sinnen. Es ist nicht wenig, was wir diesem Lande danken. Vielleicht trugen uns unsere Lehrer ein idealisiertes Bild des

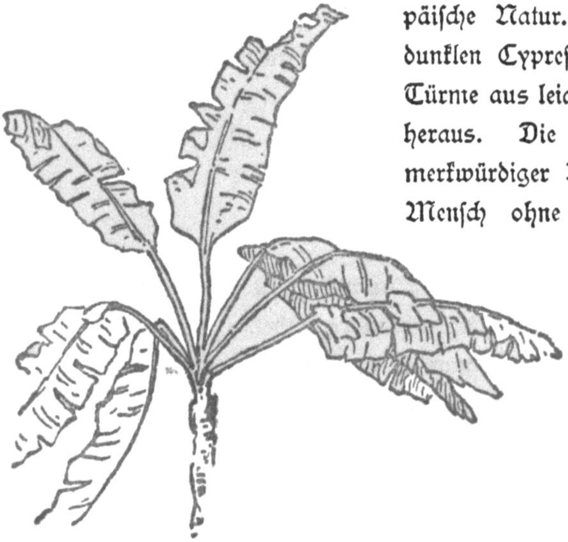

Im Königlichen Garten von Athen.

alten Athen vor, aber wir möchten dieses Bild doch nicht vermissen. Wer wollte den Homer aus seinem Kopfe streichen und den Herodot? Wer kann in Athen sein, ohne an Paulus zu denken, der auf dem Areopag den unbekannten Gott verkündete, den er vom Jordan zum Kephissus brachte?

* * *

Wer durch Konstantinopel zu Fuße gehen will, der thut am besten, Bergschuhe zu benutzen und einen kleinen Alpenstock zu kaufen, wie man ihn in Italien so schön bekommt. Ohne solche Hilfsmittel ist die Wanderung beschwerlich. Aber freilich das bequemste Mittel, Konstantinopel kennen zu lernen, sind die vorzüglichen kleinen kräftigen Pferde, die man an den Straßenecken mietet. Beim Mieten und Bezahlen giebt es etwas orientalischen Zank, aber was schadet das? Im ganzen reitet man billig, und zu Pferd ist man in der besten Lage, das unbeschreiblich bunte Gewirr zu betrachten. Wir haben trotz kurzer Zeit von allem etwas gesehen: Hafen, Schlösser, Moscheen, Bazare, Kasernen, Schulen. Wir waren draußen am Stadtthor von Edirne, wo die Straße nach Adrianopel zwischen Grabsteinen und Cypressen beginnt, im Lager der Zigeuner, in stillen Judenstraßen, bei Türken, Griechen, Abendländern. Morgens sahen wir den Sultan und seine Generale, mittags die tanzenden Derwische und nachmittags die Fischer am Südstrande von Konstantinopel und abends die Volksgenossen im deutschen Handwerkerverein. Vier Tage währte das Gesumm und Getöse, die Woge des Lebens von Konstantinopel. Und das Ende dieser Tage ist eine Art Geheimnis. Das einzelne an dieser Stadt ist schmutzig, scheckig, unharmonisch trotz der unbeschreiblichen Naturumgebung, aber als Ganzes ist diese Stadt, auch ganz abgesehen von Meer und Himmel, dennoch etwas so Anheimelndes, Treues, daß man sich immer wieder fragt: woher kommt es, daß du diese vergitterten Häuser, diesen Haufen von Gebrüll, diese Stadt des Padischah so bald lieb gewinnen mußtest?

Man kann sich getrost etwas Zeit gönnen, diesem Geheimnis nachzusinnen, und es schadet selbst nichts, wenn man um dieses Geheimnisses willen einige Ausflüge der Reisegesellschaft nicht mitmacht. Wir versäumten die glanzvolle Naturschönheit der Prinzeninseln und waren nicht in Skutari. Aussicht von Pracht und Farbe, weiß, gold, blau und piniengrün, hat man auch sonst an allen Enden. Was ist uns Konstantinopel? Zunächst, um offen zu sein, sind mir Konstantin, die heilige Helena und Kaiser Justinian persönlich sehr gleichgültig. Es ist nicht die byzantinische Geschichte, die mich anzieht. Es ist aber auch nicht die türkische Geschichte, denn was gilt mir Mohamed der Eroberer oder irgend sonst ein Sultan! Der ganze historisch-archäologische Kram ist es nicht, der Konstantinopel dem Deutschen lebendig macht. Es ist aber doch etwas historisches. In Konstantinopel lebt nämlich unsere eigene Vergangenheit.

Wer hat nicht vom Mittelalter gelesen? Freilich, Schulbücher und allgemeine Weltgeschichten reichen hier nicht aus. Man muß etwas Stadtgeschichten unserer mittelalterlichen Reichsstädte in sich aufgenommen haben, etwas Nürnberg oder Frankfurt oder Augsburg. Auch die Bilder aus deutscher Vergangenheit von Gustav Freytag bieten viel hierher gehörenden Stoff. Aus solchen Lebensbildern schafft sich im Gehirn von selbst ein Traum vom deutschen Leben in alten Tagen. Dazu kommt das, was man an Resten des Alten in deutschen, österreichischen oder italienischen Städten sieht. Man weiß längst, daß es eine Ungerechtigkeit ist, vom finsteren Mittelalter zu reden, aber es gelingt schwer, das gelesene und vereinzelt geschaute innerlich mitzuerleben. Wie lebten unsere Vorväter? Gehe nach Konstantinopel, da ist das Mittelalter!

Man kann nicht sagen, daß sich das Mittelalter von Paris und Genua und Frankfurt nach Konstantinopel geflüchtet habe. Nein, es wohnte schon immer am Goldenen Horn — hier war es zu Hause. Woher kam denn die Bildung Karls des Großen? Woher kam wellenweise neuer Geistesstoß ins walddunkle, graue Abendland bis hin zur Renaissance, die von Byzanz nach Italien wanderte? Hier hat das Mittelalter seine Quelle gehabt, vielleicht mehr als in Rom. Nur ist dann das Abendland seinen eigenen Weg gegangen. Paris hat vergessen, daß es eine mittelalterliche Stadt war. Auch in Frankfurt weiß man es nur noch stellenweise. Das

moderne Leben stieg in die Höhe. Wir sind mitten darin. Unser Berlin hat gar kein nennenswertes Mittelalter gehabt, es ist die neugewachsene Stadt einer neuen Macht. Wen aber wandelt nicht bisweilen die Romantik an, der wunderliche Wunsch, einmal nicht moderner Mensch zu sein? Man kann das angeborene Gefühl für die Zustände nicht loswerden, in denen einstige Väter lebten. Tief in unserer Seele schläft die Seele unserer unbekannten Ahnen. Meist liegt sie teilnahmslos im Sarge. Was soll sie auch in dieser jetzigen Welt? Manchmal aber regt sie sich, zuckt, ruckt, wackelt, freut sich, jauchzt gleichsam aus dem Tode heraus, füllt die ganze übrige moderne Seele mit sympathischer, froher Bewegung. Die begrabenen Väter in uns schreien Heimat! Heimat! wenn wir nach Konstantinopel kommen.

Es wird niemand die obigen Worte kleinlich nehmen wollen, als sei Konstantinopel nur Mittelalter. Es ist ein Gemisch berauschendster Art, in dem Gemisch aber überwiegt das, was für uns verloren ist. Ob diese verlorene Vergangenheit besser oder schlechter war, kommt dabei gar nicht in Betracht. Sie war ein Ganzes wie unser modernes Leben ein Ganzes ist, ein Gewebe von Mühsal und Lust, einst wie jetzt. Straßen ohne strenge Linien, bergab, bergab, teils mit Erkern und Gittern, nicht Mietskasernen, sondern Familienhäuser, eine Bank vor der Thür, Akazie oder Weinlaub an der Wand, eine Laube auf dem Dach. Das Handwerk arbeitet in der Straße; sein Verfahren ist das alte, umständliche, das so große Anforderungen an die Geschicklichkeit des einzelnen stellt. Man sieht den Kupferschmied wie in den alten treuen deutschen Geschichten seine Kessel und

Die Stadtmauer.

Näpfe vor allen Leuten hämmern, den Drechsler sieht man mit den Füßen drehen, der Bäcker zieht vor allem Volk sein warmes Brot aus seinem Ofen. Der Schneider flickt den Mann, der eben vorübergeht, der Schuhmacher hämmert auf kleine nette Pantoffeln, die dann hinter Glas und Rahmen für Griechinnen und Türkinnen zu haben sind. Alle Wege sind eng, dennoch ist das Pferd als Lasttier und Reitpferd das eigentliche Transportmittel der Stadt. Konstantinopel hat etliche Pferdebahnen, aber nur in europäischen Teilen. Die Fabrik fehlt im großen und ganzen. Handarbeit schafft in allen Häusern. Man bekommt durchaus den Eindruck einer fleißigen Stadt nach alter Art. Natürlich giebt es Bummler wie überall, wo der Himmel heiter ist, aber der italienische und griechische Bettel ist nicht in Konstantinopel. Kinder betteln teilweis, am meisten die Kinder der Zigeuner. Schulzwang findet man hier ebensowenig wie im deutschen Mittelalter. Schulen sind Stiftungen oder Einrichtungen von Religionsgemeinschaften. Doch steigt die Einsicht, daß Kinder ohne Schule nur Stiefelputzer werden. Die Schule wächst und tötet das Mittelalter, die Jugend wird freier, auch Frauenschleier fallen, die steinernen Häuser verdrängen das Holzhaus, westeuropäische Ware fängt an die Bazare zu füllen, aber man täuscht sich, wenn man glaubt, dieser Prozeß gehe schnell. Konstantinopel ist ein solcher Koloß, daß er seine Glieder nur langsam anders legen kann als sie liegen. Noch fünfzig und hundert Jahre wird in Konstantinopel Mittelalter sein, und noch lange werden Menschen aus dem Occident hierher kommen, wie sie gelegentlich in den schweren braunen Schrank greifen, in denen die Pastellbilder liegen und die alten Stöcke und Hauben. Wer ohne Romantik ist, mag uns schelten, wer aber auch nur etwas von ihr hat, nur etwas vom stillen Weiterleben des Gewesenen, der wird es verstehen, daß wir sagen: wir haben eine alte Verwandte besucht, alt aber nicht tot!

* * *

Wir fahren wieder. Wind, dunkelblaue Wellen mit weißen Köpfen, hellblaue asiatische Berge, leichte flatternde Wolken, blauer Himmelshinter-

Konstantinopel von Pera gesehen.

grund. Noch ist die Gesellschaft gesund. Wenn der Wind steigt, werden wir wieder in jener Hospitalatmosphäre sein, die unsere „Asia" füllte, als wir von Athen nach Konstantinopel fuhren. Gern hätte ich damals noch einiges über Athen geschrieben, über die Rede, die Themistokles einst von der Pnyx aus über das Thema hielt „Reichsgewalt ist Seegewalt", über Lykabettus, Hymettos und hundert Dinge, die wir einst an der Elbe in der Schule gelernt haben, aber Ägir oder Ägeus (vielleicht dieselbe Familie) hinderten die Feder. Der Wellengeist stand auf der Insel Tenedos und brüllte über das Wasser hin: Woge auf! Woge ab! Rechts schwenkt! Links schwenkt! Bataillon marsch! Die Wasser mußten hüpfen wie die Rekruten, und wir machten erst lachend und spottend, dann seufzend und grämlich alle Bewegungen mit. So blieb vieles von Athen ungeschrieben; Konstantinopel trat vor die Augen, Athen versank wie der Mond, wenn die Sonne aufgeht. In Konstantinopel selber konnten wir wenig zeichnen und schreiben. Alles war mit der Aufnahme des fast unüberwindlichen Stoffes beschäftigt. Ein Eindruck jagte den anderen. Leben der verschiedensten Art goß sich strömend in uns hinein. Nach vier Tagen Konstantinopel ist es nun gut, daß wir wieder auf dem Schiffe sitzen. Ägeus sei gnädig! Ich möchte gern nun ruhig schreiben können.

* * *

Den größten Augenblick in Konstantinopel erlebten wir ganz zufällig. Es war nicht die Parade beim Selamlik des Sultans in Dolma Bagtsche, so interessant es war, den Padischah mit seinen Generalen und Söhnen zu sehen. Als wir ihn sahen, dachten wir an das, was auf unserem nationalsozialen Parteitage in Darmstadt über diesen Mann gesagt worden war. Der „gekrönte Massenmörder", wie er dort genannt wurde, fuhr als „kranker Mann" durch preußisch gedrillte Türkenreihen nach seiner Moschee. Wir haben nicht mit Hurrah gerufen und nicht aus seinen goldenen Theetassen getrunken, mit denen die zum Selamlik zugelassenen Franken bewirtet werden. In Wahrheit störte uns das ungeklärte Gefühl, nicht genau zu wissen, ob man als Deutscher und als Christ ein Feind dieses Mannes zu sein habe oder nicht. Diese Unklarheit ließ es als eine Erleichterung empfinden, als die Parade sich löste und die Wagen an der deutschen Botschaft vorbei zu unserem Hotel in der Rue Kabristan fuhren. Jedenfalls ist es nicht unsere Absicht zu rufen, wie es in den türkischen Kasernen geübt wird: tausend Jahre lebe der Padischah, hurrah, hurrah, hurrah! Aber wenn nun auch der Padischah keine tausend Jahre mehr lebt, so lebt doch das große Volk, dessen ungesucht entstandene große Parade wir am Nachmittag sahen. Zu dreien wollten wir über die neue Brücke reiten, die Pera und Galata mit Stambul verbindet. Es traf sich, daß gerade die Kriegsschiffe, die dem deutschen Kaiser entgegenfuhren, aus dem Kriegshafen in den Bosporus hineinglitten, und daß deshalb für eine Stunde der Brückenverkehr unterbrochen wurde. Erst hielten wir diesen Aufenthalt für einen Verlust, aber von Minute zu Minute verwandelte er sich in Gewinn, denn das Heer von Menschen, Pferden, Wagen schwoll an beiten Seiten ins Unabsehbare. Alles Menschenvolk unter der anatolischen Sonne schien seine Vertreter gesendet zu haben. Es fiel dem Theologen unwillkürlich jene Bibelstelle ein, die von den Besuchern des ersten Pfingsten in Jerusalem redet: Perser, Meder, Elamiter, Juden und Judengenossen, Türken und Araber, Griechen, Bulgaren, Armenier und die da wohnen an den Grenzen der Wüste, dazu Fremde aus Rom, Paris und von den Strömen der Germanen. Dazu erinnerten wir uns, wie Herodot die Trachten der Völkerschaften schildert, die mit Xerxes von Asien nach Europa kamen. Wer zählt die Völker, nennt die Namen? Geduldig starrte der Menschenstrom. Es giebt kein Wort, das den Eindruck dieser Masse so sehr kennzeichnet, als das Wort Geduld. Wo der rastlose Abendländer aus der Haut fahren möchte, wo unsere Menschen schimpfen, und unsere Pferde nervös werden würden, herrscht natürlich keine Stille (wann wäre es im Süden still?), aber es waltet eine gute türkische Ergebung bei Mensch und Vieh. Diese leidenschaftslose Hingebung an das, was eben ist, ist Tugend und Mangel zugleich. Offiziere, die vom Selamlik kamen, standen mitten unter Lastträgern, Eseltreibern und Hausierern, direkt neben uns eine hochelegante Kutsche mit zwei arabischen Schimmeln, umlagert von Melonenverkäufern und lachenden Griechenjungen, die sich gegen-

Die Völkerparade.

seitig zupfen und stoßen. Endlich ist es erlaubt, daß Fußgänger die Brücke überschreiten. Zu tausenden wogte der rote Fez hinüber und herüber. Es war ein Marsch internationaler Kolonnen, wenn auch nicht ein Marsch international denkender Menschen. Jeder von diesen Tausenden hat seinen Stamm, an dem er klebt, sein Bekenntnis, seinen Patriarchen, seinen Gott. Erst nach dem Heer der Fußgänger kamen Wagen und Reiter. Niemals könnte ein solcher Übergang in Deutschland ohne Verletzungen vor sich gehen. Hier wird gebrüllt, als ob eine Hekatombe von Leuten am Spieße stäke, aber alles geht glatt und gut. Die Völkerparade an der Brücke ist zu Ende, nach allen Ecken der weiten Stadt zerstreut sich das Volk, zwischen Moscheen und Bazaren, durch enge Gassen und über holprige Plätze reiten wir bis dorthin, wo die Eisenbahn Stambul im Süden umkreist.

* * *

Eines Morgens weckte unser Stubengenosse B. aus Frankfurt, dessen Verdienste um die Gesellschaft „Asia" überhaupt sehr große sind, seine zwei Mitschläfer: „Ihr Goldkinner, es hilft nichts; das müßt ihr sehen." Wir suchten einige Augenblicke dem Geist der Unruhe zu trotzen, aber schließlich behielt er Recht. Wir mußten heraus, denn (ganz buchstäblich lux ex oriente) über Stambul ging die Sonne auf. Es war ähnlich, wie wir es öfter bei Sonnenaufgang im Hochgebirge sahen: erst blauer Morgendunst, dann Purpurglut der Spitzen, dann gelber Glanz der Wände, dann Aufhellung der Tiefen. Die Sonne begann bei den Spitzen der obersten Minarets, lag dann auf den Kuppeln der Moscheen, vergoldete die Stadtmauer, umflimmerte die Masten, spiegelte sich in zahllosen Fenstern und verlor schließlich langsam ihren eigentümlichen Morgenglanz.

* * *

Ob es wohl erlaubt ist, daß ein evangelischer Pfarrer an Moscheen seine Freude hat? Aber selbst wenn es unerlaubt ist, so habe ich sie.

Konstantinopel in der Morgensonne.

zwar nicht an dem, was in den Moscheen gelehrt und gebetet wird und wovon ich keine Silbe verstehe. Über Muhamedanismus und Christentum möchte ich viel später einmal sprechen, jetzt lasse ich zunächst den Muhamedaner Muhamedaner sein und rede von der Moschee als Bauwerk. Sie begeistert mich. Solche Kuppeln und Minarets möchte ich auch in unser Land verpflanzt wissen, natürlich losgelöst von ihrem islamitischen Religionsgedanken. Wer die große Halle der Berliner Ausstellung gesehen hat, wird etwas von diesem Wunsche verstehen. Wir suchen einen neuen Stil, der die Metalltechnik zu ihrem Rechte kommen läßt und für die Größenverhältnisse unserer neuen Städte paßt. Für diesen neuen Stil kann weder die Gothik noch die italienische Renaissance der Ausgangspunkt sein. Man versuche es noch öfter in derselben Weise wie bei der Ausstellung im Treptower Park mit dem Motiv: Kuppel und Minaret! Gewisse Großbetriebe schaffen ganz von selbst Formen, die dieser Richtung entgegenkommen: Gasanstalten, Wasserreservoirs, Markthallen. Als Kirchenbaustil kann freilich der Protestantismus die Kuppel mit Tonnengewölben kaum wünschen, da er im allgemeinen auf kleinere Gemeindekirchen hinarbeiten muß. Stellt man sich aber einmal auf den Standpunkt der weiten Hallenkirche, so sind Formen, wie sie die Sophienmoschee schon besaß, ehe sie den Türken gehörte, wohl der Erneuerung wert.

* *
*

Im großen und ganzen macht Konstantinopel keinen armen Eindruck. Es ist allerdings sehr schwer, sich in kurzer Zeit über die Lebenshaltung einer Riesenstadt überhaupt ein Urteil zu bilden. Was wir beobachtet haben, ist folgendes:

1. Es wird in Konstantinopel wenig gebettelt, nicht entfernt so wie in Italien.

2. Es giebt in Konstantinopel zwar viel alte Häuser, aber wenig Ruinen.

3. Verhältnismäßig haben in Konstantinopel mehr Familien ihr eigenes Haus als in Berlin.

4. Die Kleidung steht unter dem deutschen Durchschnitt, ist aber vorwiegend ordentlich und zeigt viel leichte, neue bunte Stoffe.

5. In den Zimmern sahen wir in allen Stadtteilen vielfach neuere Eisenbettstellen.

Der Galataturm in Konstantinopel.

Zu diesen Beobachtungen kommt die bekannte Thatsache hinzu, daß man in dem wärmeren Klima weniger Fleisch und Brennstoff braucht, also mit geringerer Einnahme relativ wohlhabend sein kann, als bei uns. Die Natur hilft wirtschaften und gleicht viele Schäden der offiziellen Türkenwirtschaft aus. Wir glauben auch, daß für Konstantinopel die Hausindustrie als Einnahmequelle neben dem Handel und der Naturproduktion ernstlich in Betracht kommt. Ziffern stehen hier auf der „Asia" nicht zur Verfügung, giebt es vielleicht überhaupt nicht, aber immer wieder sieht man an den Fenstern Frauen und Mädchen mit Stickereien und verwandten Arbeiten, auch mit Nähmaschinen, und zwar sind in den Stickrahmen nicht nur orientalische, sondern auch westeuropäische Muster. Eine Hausindustrie, die in Deutschland Hungerlöhne zahlt, zahlt möglicherweise hier noch etliche

Para weniger, und vermeidet doch den direkten Hunger, wie er im Erzgebirge und in Sachsen wohnt.

* * *

Was man „Türkenwirtschaft" nennt, ist ein sehr zusammengesetztes Übel, ähnlich zusammengesetzt wie das, was wir „soziale Frage" nennen. Als Fremdling ahnt und hört man einiges, gewinnt aber natürlich keinen hinreichenden Einblick. Nach mancherlei Erkundigungen glauben wir, daß man dreierlei Dinge unterscheiden muß:

a) Mißverhältnisse, die nur in den Augen der Westeuropäer solche sind, wie z. B. der Mangel an Zeiteinteilung, Schnelligkeit, moderner Bequemlichkeit.

b) Mißverhältnisse, die mit der ganzen mittelalterlichen Gesamtlage zusammenhängen. Hierher gehört die große Reinlichkeitsfrage. Wahrscheinlich waren unsere mittelalterlichen Städte hygienisch nicht besser, als das jetzige Konstantinopel. Der Zustand der Straßen und Häuser war sicher nicht besser. Das Bildungsniveau war schlechter.

c) Mißverhältnisse, die aus dem nachlässigen, faulen Betrieb des türkischen Verwaltungssystems stammen. Diese letzteren allein sind direkt verwerflich. Auch ein vorzügliches Regiment würde aus Konstantinopel keine abendländische moderne Stadt machen können, so wenig wie irgend ein Regiment Deutschland in kurzer Zeit zu einem ganz sozialistischen Staate umgestalten könnte. Geschichtliche Umwandlungen gehen ihren eigenen Gang, und das, was die Politik beitragen kann, um sie zu beschleunigen, ist zwar größer, als die Trägheit der alten herrschenden Klassen zugeben will, aber doch immerhin nur etwas.

Als besondere Schäden der türkischen Verwaltung gelten die Überzahl der Beamten, die Unreellität des Verwaltungssystems und die Art der Steuererhebung. Ein ortskundiger Deutscher sagte: Von 100 Leuten, die mit dem Fez auf dem Kopfe über die Brücke gehen, sind 50 Beamte. Es giebt Beamte ohne Gehalt, die nur Beamte werden, um Nebenvorteile zu gewinnen. Oft sitzen die unwissendsten Leute auf den Bänken in den Bureaux, die unseren Schulbänken gleichen. Angestellte Beamte müssen auf einen Teil ihres Gehaltes verzichten, damit ein Vetter ihres Vorgesetzten von diesem Teil angestellt werden kann. — Oft warten die Beamten auf ihr Geldgehalt ein halbes oder ganzes Jahr. Sie bekommen ihre regelmäßige Naturalbezahlung: Öl, Reis und Mehl und leben davon, bis sie eines Tages herbeigerufen werden, um zu hören, daß es nicht wohl anginge, ihnen die ganze Summe zu zahlen — es sei kein Geld da. Der Mann nimmt dann 30 oder 50 pCt. und geht als Türke ruhig nach Hause: Allah will es!

Um ein Übermaß von Beamten zu erhalten, muß Geld geschafft werden, mehr Geld, als zu den Staatsaufgaben direkt erforderlich wäre.

Man macht Schulden, aber auch Schulden sind nicht umsonst. Der moderne Militärbetrieb fordert viel mehr, als mit einem alten, noch dem Naturalwesen angehörigen Steuerwesen erlangt werden kann. Daher treten neben dem alten Steuerwesen neue abendländische Steuerreformen unvermittelt auf. Man muß für eine nur eben erträgliche Cigarre 40 Pf. zahlen. Inlandszölle innerhalb des türkischen Reiches bestehen noch vielfach. Die Hauptlast aber ist der Zehnte, der durch Zollpächter eingetrieben wird, die statt 10 pCt. oft 20 pCt. oder 30 pCt. nehmen. In manchen Gebieten drückt diese Steuerform so, daß es sich nicht verlohnt, überhaupt einen Gewinn zu machen. Der Steuerpächter (biblisch gesprochen der Zöllner) ist im allgemeinen der Armenier.

* *

Mitten in Konstantinopel liegen alte Friedhöfe. Wenn wir in Pera wenige Schritte von unserem Gasthaus abwärts gingen, waren wir auf einem düsteren abschüssigen Felde, wo unter alten Cypressen schmale, steile Türkengräber.

Grabsteine mit und ohne Turban stehen. Der Turban auf dem Grabstein soll denen gehören, die in Mekka waren. Mekka bleibt dem Muhamedaner die erste Stelle der Welt. Er geht dorthin — wir gehen nach Jerusalem.

* * *

Am letzten Abend, den wir in Konstantinopel verbrachten, waren wir im deutschen Handwerkerkasino. Es war ein unvergeßlich schöner Abend. Gott grüße euch, ihr deutschen und österreichischen Brüder am Bosporus! Welcher Handwerkerverein hat einen solchen Musikdirigenten wie ihr? Und wo ist so viel Anhänglichkeit ans Vaterland, als bei diesen Männern, die teilweis 30 oder 40 Jahre unter Türken, Griechen, Juden und Armeniern ihr deutsches Gewerbe hochhielten? Die ältesten von ihnen haben die Zeit noch erlebt, wo kein starkes, geeintes Deutschland hinter ihnen stand. Aus verlorenen Söhnen der deutschen Erde sind Pioniere der deutschen Zukunftsmacht geworden. Unter dem Schutze der deutschen Botschaft leben sie ein gesichertes Leben, und eben, während wir bei ihnen sitzen, üben sie deutsche Lieder für die Ankunft Wilhelms II. Gemeinsam sangen die Jerusalemfahrer und der Konstantinopler Handwerkerverein ein lautes „Deutschland, Deutschland über alles“. Lange saßen wir zusammen und tranken deutsches Bier für zwei Piaster das Glas.

* * *

Es war im Handwerkerverein, wo wir über die Armenier redeten. Uns gegenüber saß ein deutscher Töpfermeister, der 19 Jahre in Konstantinopel lebt und auch Anatolien kennt. Er sagte etwa folgendes: „Ich bin ein Christ und halte die Nächstenliebe für das erste Gebot, und ich sage, die Türken haben Recht gethan, als sie die Armenier totschlugen. Anders kann sich der Türke vor dem Armenier nicht schützen, von dem seine Noblesse, Trägheit und Oberflächlichkeit auf das unverantwortlichste ausgenutzt wird. Der Armenier ist der schlechteste Kerl von der Welt.

Er verkauft seine Frau, seine noch unreife Tochter, er bestiehlt seinen Bruder. Ganz Konstantinopel wird von den Armeniern moralisch verpestet. Nicht die Türken haben angegriffen, sondern die Armenier. Wir sind am Tage des Angriffs auf die Ottomanische Bank auf der Straße gewesen und wissen, wie es zuging. Den unierten Armeniern hat man nichts gethan, sondern nur den orthodoxen, denn diese sind die unverbesserlichen. Daß die Armenier in Kleinasien besser seien, ist eine englische Lüge. Ich bin auf den Dörfern gewesen und kenne die Dinge. Auch dort ist es der Armenier, der allen Wucher treibt. Daß die deutschen Christen Armenierkinder erziehen, hilft gar nichts. Diese werden später ebenso schlecht, wie die übrigen. Ein geordnetes Mittel, um sich gegen die Armenier zu schützen, giebt es nicht. Der Türke handelt in Notwehr!" — Es verdient Beachtung, daß diese Darstellung unseres Landsmannes die Zustimmung seiner Freunde hatte. Wir haben keine Stimme gehört, die sich anders äußerte. Teilweise war die Wut über die Armenier eine brennende. Der Armenier ist der Revolutionär, den die Engländer benutzen, um den Sultan zu stürzen. Das war der Refrain von rechts und links. Wir geben den Auszug unseres Gespräches ohne uns für das, was wir hörten, irgendwie verantwortlich zu fühlen, nur, damit die Stimme dieser deutschen Handwerker auch gehört wird. Was wir selbst zur armenischen Frage zu sagen haben, wird später seinen Platz finden.

* * *

Das Schiff streicht durch die Wellen. Wir sind an Patmos und Rhodus vorüber. Trotz des bekannten Sprichwortes ist bei Rhodus nicht getanzt worden. Es war gerade nach dem Frühstück, und die Reisegesellschaft war in der Stimmung, die an schönen Sommertagen nach der großen Fütterung im zoologischen Garten herrscht. Was kümmert sie da Rhodus! Wir sind lange über jenes kindliche Stadium hinaus, wo man jede einzelne Insel bewundert. Als wir am ersten Tage bei Genua an Gorgona und Elba vorübersegelten, waren alle Ferngläser in Gebrauch und alle

Bleistifte in Thätigkeit. Wer zeichnet jetzt noch dürre Inseln? Im Gegenteil! Alles, was zeichnen kann, wendet sich dem Porträt zu. Die Skizzenbücher werden verglichen, belacht und täglich vermehrt. Ernstere Leute lesen im Bädeker. Im Rauchsalon wird von drei sächsischen Türken (d. h. von Leipzigern im roten Fez) ein Skat gespielt, der Zeit und Raum vergessen läßt. Jüngere Leute bilden kleine Gruppen zur Beobachtung der Sonne, der Wellen und der gegenseitigen Anmut. Ein paar Pastoren sitzen auf der Brücke des Schiffes und diskutieren die Heilsarmee. Unser verehrter Schiffsarzt schläft den Schlaf des Gerechten im Klappstuhl, denn heute giebt es keine Seekranken. Unten aber in der Küche wird gebraten und gebacken, denn 90 oder 100 Menschen, die nichts zu thun haben, sind ein eßbegieriges Korps, wenn ihnen ein leichter, munterer Seewind den Appetit gestärkt hat. Mit der Küche der Schiffsgesellschaft sind glücklicherweise alle ohne Ausnahme zufrieden. Nicht ganz dasselbe gilt von den einzelnen Maßnahmen in betreff der bevorstehenden Touren — hier giebt es Meinungsverschiedenheiten. Aber wo in aller Welt sind alle Köpfe einig? Wer es allen Menschen recht macht, der soll Sultan von Konstantinopel werden!

* * *

Das nämlich beschäftigt uns auf der Fahrt nach Cypern noch immer, wer in Konstantinopel herrschen soll. Über das Schicksal der ganzen Monarchie zwar denken wir in diesem Moment weniger nach, als darüber, welche europäische Macht imstande ist, die Leitung von Konstantinopel selbst zu übernehmen. Allseitig wird anerkannt, daß die Türkenherrschaft trotz unleugbarer persönlicher Vorzüge, die der Türke neben seiner Bummelei hat, nicht für alle Zeiten haltbar ist. Der Fremdkörper im Leibe Europas wird einmal ausgestoßen werden. Wann das geschieht, hängt von vielen Dingen ab, keineswegs bloß von Mittelmeerfragen. Es kann sein, daß der Sultan in Ostasien zum Tode verurteilt wird. Es kann auch sein, daß China ihm eine Gnadenfrist von abermals hundert Jahren verschafft. Keine „Frage" hat sich bis jetzt langsamer entwickelt, als die orientalische

Frage. Wenn Allah will, ist die Hagia Sophia noch lange eine Moschee. Wenn Allah anders will, wird es der Türke auch zu tragen wissen. Schließlich scheint es, als ob nur Rußland imstande sein würde, das Volksgewimmel von Konstantinopel zu regieren. Man denke an das, was Dr. Rohrbach uns über die Kunst Rußlands in Behandlung asiatischer Völker berichtet hat. Österreich ist nicht fest genug, um einen solchen Bissen wie Konstantinopel zu verdauen. Bis aber einmal die Welt am Bosporus neu geteilt wird, soll unsere Botschaft in Konstantinopel wie bisher den deutschen Einfluß festigen. Selbst wenn wir Konstantinopel nicht für uns brauchen können, wollen wir an der Konkursmasse des osmanischen Reiches beteiligt sein.

* * *

Unsere Morgenandachten auf dem Schiff sind eine wirkliche Erquickung für die Teilnehmer. Es fehlt nicht an Rednern, sie abwechselnd zu halten. Der Gedanke „hinauf nach Jerusalem!" wird durch sie lebendig erhalten. Bald werden wir ins gelobte Land kommen. Jetzt fahren wir an Cypern vorbei, der ersten Missionsstation des Paulus. Morgen früh erwachen wir am Fuß des Libanon.

* * *

Beirut.

Die Gesellschaft ist in Beirut. Das Schiff war in der Nacht angekommen, und wir wachten auf, weil in dem ruhenden Schiff die

Wärme eines russisch-römischen Bades entstand. Vor uns stiegen die Masten des Hafens in die blaue Luft, eine Moschee am Ufer zeigte andere Form des Minarets als wir es aus Konstantinopel gewöhnt waren, aber während ich den Hafen mit Mauer, Gebüsch und Minaret zeichne, beginnt schon die Ausschiffung. Am Ufer wartet ein tüchtiger Dragoman, der jüngere Hornstein, mit seiner Nilpferdpeitsche, die er braucht, um die Kutscher in Ordnung zu halten. Vom Hafen jagt der Wagen nach dem Bahnhof. Es ist nicht viel, was wir von der Stadt sehen, nur etwas Seidenweberei bei offenen Thüren. Die Bahn von Beirut über den Libanon nach Damaskus und El-Muserib ist mit französischem Gelde gebaut, eine nette, geschickte Anlage, die aber nicht rentieren soll. Man erzählt von Jahresdefizits zwischen 500000 und 600000 Franks. Aber selbst wenn die Bahn schlecht rentiert, ist sie doch schön. Man kann eigentlich den Aufstieg zum Libanon schwer beschreiben. Was sind allgemeine Worte, wie herrlich, wunderbar, entzückend? In vielen Windungen klettert die Lokomotive das Gebirge hinauf, bis zur Höhe von etwa 1500 Metern. Immer anders sieht man drunten den blauen Halbkreis des Meeres, den roten Strand, die weiße Stadt, die lange alte Straße von Damaskus nach Beirut. Hier beginnt für uns Asien. Bitte, sehen Sie diesen Zug von Kameelen! Ist das nicht großartig? Wie sie mit den Hälsen wackeln! Möchten Sie auf so einem Tiere oben sitzen? Pinien bewalden den Abhang, an dem einst Cedern standen. Bis hoch hinauf wird Wein gebaut. An den Stationen giebt es arabische und französische Aufschriften. Der Menschenschlag scheint gesund und biegsam. Immer ferner liegt das Meer und immer näher kommen die weißen

Kämme des Gebirges. Die Bäume hören auf, trockene Wände leuchten in der Sonne. Jetzt rasselt der Zug durch einen Tunnel, der Paß ist überschritten, es geht abwärts zur Bika, zum breiten Thal zwischen den beiden Libanonrücken. In diesem Thal liegt Muallaka, und in Muallaka waltet Madame Antonio mit ihren Töchtern. Wir aßen, was diese italienisch-syrischen Schönheiten eben bieten konnten und setzten uns dann in zahlreiche Wagen, um einen staubigen, langweiligen, geraden Weg von vier Stunden in der Bika zu fahren, lang genug, um die Sonne untergehen zu lassen, ehe wir auch nur etwas von den Ruinen von Baalbek sahen.

* * *

Weit weg von allen Kulturorten liegt das ungeheuere Trümmerfeld, dessen Grundlagen von den Phöniziern stammen, dessen Glanzstücke dem heidnischen Römertum gehören, dessen spätere Gestaltung christliche Griechen und Muhammedaner in Händen hatten. Die letzteren verwandelten Tempel und Basilika in eine massige, plumpe Festung, bei der es gleich war, wenn Pforten von schönster Gestalt vermauert oder Säulen zu Werkstücken der Verteidigungswälle verwendet wurden. Was auf diese Weise die Araber nicht ruinierten, warf ein Erdbeben zu Boden. Wenig ist es, was noch steht wie in alten Tagen: sechs gigantische Säulen vom Sonnentempel mit ihrem Architrav, eine Ehrenwache der Vergangenheit, letzte gewaltige Soldaten eines steinernen Heeres. Es ist uns unmöglich, aus der Erinnerung die Maße anzugeben. Fünf Männer gehören zum Umspannen einer dieser Säulen, deren es einst 54 gab. Sie trugen ein hohes, vielgegliedertes Gesims, aber kein Dach. In den Sonnentempel sollte die Sonne frei von oben hereinschauen können, die Sonne des Orients. Ich möchte dieser Sonne ein Lied singen können. Sie ist ein Weib, wie es die großen Dichter kennen, das mit glühender Liebe versengt, blendet, wahnsinnig macht, wenn es ihr gefällt, das mit goldener Glut beseligt, entzündet, ganz umfängt, wenn es ihr paßt. Sie ist „die güldene Sonne voll Freud und Wonne“, die Senderin weißbrennender Pfeile. Die Römer hielten sie für einen Mann, für einen Helden, der die Rosse des Lichtes lenkt. Hier standen seine Priester und hoben ihre Hände auf zu ihm. Unter allen Arten des Heidentums giebt es keine, die wir besser verstehen als den Sonnendienst. Wer an einen Herren Himmels und der Erde nicht glaubt, der hat nichts höheres als die Sonne. O Sonnenschein, o Sonnenschein, du

Die Ruinen des Sonnentempels.

leuchtest mir ins Herz hinein! Im grauen Deutschland geht die Sonne verschleiert, hier aber hat sie alle ihre Schleier zurückgeschlagen, man hat sie ganz. Es giebt kaum etwas Schöneres, als einen Sonnenaufgang auf dem Getrümmer des Sonnentempels von Baalbek. Von Osten kommt sie leise gegangen und lacht ein wenig mit den weißen Rändern des kahlen Gebirges. Dann küßt sie die grauen Wände, bis sie rot werden, dann greift sie schnell die Spitzen ihres alten, zerfallenen Heiligtums und nun legt sie sich um die Säulen herum. Ein Strich Sonnenfarbe, und jede Säule ist ein Priester! Es kann sein, daß die Säulen zittern, wenn sie so begrüßt werden. Heliopolis, Sonnenstadt, nannten die Griechen und Römer den Platz. Ehe er aber Heliopolis hieß, hieß er früher schon einmal Ort des Baal. Dem Bibelleser ist Baal kein Fremder. Baal und Astarte forderten einst auf diesen Steinen ihre Opfer, Opfer des Blutes und der Sinnlichkeit. An Stelle des Baal und der Astarte setzten dann die Römer Jupiter und Venus. Von beiden sprechen noch Reste von Tempeln. Diese Tempel waren nicht so rein und fein wie die Tempel in Athen, aber niemand ist hier, der nicht doch Athen und Baalbek vergleicht. Der kunstverständige Teil der Gesellschaft scheidet sich in Athener und Heliopolitaner. In Athen waltet das Ebenmaß, hier waltet die Größe. Welchen Eindruck müssen diese Steine auf Wilhelm II. machen, der an sich schon Neigung zu majestätischen Formen besitzt! Der Cäsar von Berlin, dessen Zelte man in die Mitte des Pantheons von Baalbek stellen will, wird den Mond und die Sonne über diese Ruinen laufen sehen, die einst von Heliogabal, dem Cäsar von Rom, befohlen wurden. Wenn wir keine moderne Staatsverwaltung mit Bewilligungsrecht der Volksvertretung hätten, könnte diese Nacht in Baalbek leicht teuer werden, denn es muß eine Fürstenphantasie gewaltig aufregen, wenn sie solche Hinterlassenschaft alter Herrengröße sieht. Welche Menschenarbeit liegt auf diesem Fleckchen Erde zerbrochen! Man staunt über die Leistungskraft ferner römischer Provinzen im Zeitalter später Kaiser. Ohne Zweifel war Heliopolis ums Jahr 200 nach Christi Geburt ein Luxusort für die römischen Großen, die in den heißesten Monaten von den Küsten Syriens und Ägyptens nach dem Libanon flüchteten, wie denn noch heute die Europäer von Beirut und Alexandria ihre Frauen und

Kinder zur Sommerfrische in diese altberühmte Niederlassung senden. Drei Hotels liegen, weltentfernt, hier zwischen den Zügen des Libanon an der Wasserscheide der Flüsse Orontes und Leontes, ein Beweis der Lebenskraft dieses Platzes.

* * *

Ist es nicht eigen, die Ruhestätte gestorbener Götter besuchen? Unter diesen Steinen schlafen Baal, Astarte, Helios, Jupiter und Venus. Niemand weckt sie mehr auf, denn sie starben, weil ihre Zeit dahin war. So starb auch die Göttin von Ephesus, von der die Goldschmiede riefen: Groß ist die Diana! So starben die alten Nationalgötter aller der Völker, deren Reste den Orient bedecken. Jesus siegte, aber über Jesus siegte hier Muhammed. Wo aber Muhammed siegte, liegen jetzt Trümmer.

* * *

In Baalbek war ein kleiner, netter Syrer, mit schmalen, dunklen Augen und rotem Fez, der durchaus von uns einen Backschisch haben wollte. Als wir ihn neckten und nichts gaben, holte er selbst eine kleine Münze heraus und schenkte sie uns mit den Worten: Backschisch pour vous! Da hatte er gewonnen.

* * *

Bei der Rückfahrt von Baalbek schlug der Wagen um und warf seine vier Insassen auf einen Haufen. Gott sei Dank hat es weder der meist betroffenen Dame noch uns anderen geschadet! Ein Kognak aus der Flasche des Herrn Stabsarzt war der wohlverdiente Lohn für den Schreck. Im Weiterfahren sahen wir ein großes Maisfeld, groß wie ein Rittergutsacker in Pommern, mitten in der Ernte. Es wimmelte von großen und kleinen Menschen in blauer und grauer Leinwand mit bunten Kopftüchern. Man sagte uns: der Acker gehört der ganzen Gemeinde, der von ihr gewählte Vorsteher bürgt der Regierung für Pacht und Steuern. Die Arbeit wird gemeinsam vollbracht. Privaten Grundbesitz giebt es in der Bika nicht. Es war also ein Verhältnis, wie es in Deutschland zur Zeit der alten Gemeinwirtschaft auch bestand und wie es ähnlich in manchen Teilen des europäischen Rußlands jetzt noch vorhanden sein soll.

* *

Damaskus hat einen alten glänzenden großen Ruf. Man fährt mit der Eisenbahn am sprudelnden Barada hinab, als käme man nun in die Gärten von tausend und einer Nacht. Muhammed soll vor dieser Stadt umgekehrt sein, da es nicht zwei Paradiese für einen Menschen geben könne und er sich das himmlische nicht verscherzen wolle. Die Poesie des Morgenlandes ist, wie man liest, unerschöpflich im Preise der Stadt, die einem Löffel im grünen Kohl gleichen soll. Nun darf man nicht ungerecht sein und muß wirkliche große Vorzüge an der „Perle des Ostens" anerkennen, aber einen berauschenden, überwältigenden Eindruck hat sie auf uns nicht gemacht. Sie hat Wasser; das ist ihr Glück. Wer aus dem durstigen Lande rings umher kommt, der muß sie lieben. Ihre Häuser und Gärten sind „gepflanzt an den Wasserbächen". Es quillt und rauscht grünlich graues, frisches Wasser an allen Ecken. Daher giebt es auch reinliche Partien in Damaskus. Mehr aber darf man nicht sagen. Der Dreck in den Bazars ist bisweilen zum Erbarmen groß und der Unrat auf der Straße, die um die Stadtmauer führt, kann nicht überboten werden. Das, was man Wilhelm II.

Damaskus.

hat sehen lassen, war gesäubert. Wir aber haben etwas mehr gesehen.

* * *

Ganz vorzüglich war das große Hotel Besraoui, in dem wir wohnten. Gute Betten in blendend weißen Moskitovorhängen, lange, bunte Teppiche, weite Hallen, großer Hof. Im Hof saß die Wirtin mit ihren Töchtern und Mägden und nähte schwarzweißrote Fahnen für den deutschen Kaiser. Es war bestellt worden, daß der Kaiser im Salon dieses Hotels eine Mahlzeit einnehmen solle. Ein dunkelbrauner Diener, der etwas französisch sprach, führte uns dorthin, wo man dem Kaiser die Tafel decken wollte. Dann zeigte er uns eine kalte Douche, ein Hochgenuß in dieser heißen Gegend.

* *

Es war bei der Kürze der Zeit nicht möglich, Damaskus mit derselben Genauigkeit auf seine Zusammensetzung hin zu durchforschen, wie wir es vorher bei Konstantinopel und nachher bei Jerusalem und Kairo gethan haben. Wahrscheinlich ist die Stadt eine relativ einheitliche: türkische Oberschicht und syrische Unterschicht. Die Größe der Stadt beruht darauf, daß sie den Mittelpunkt und Ausgangspunkt verschiedener großer Karawanenwege bildet. Von hier geht es nach Mekka, nach Haifa, nach Beirut, nach Palmyra, zum Euphrat. Allerdings sind heute Karawanen nicht mehr das, was sie früher waren. Das Dampfschiff und die Eisenbahn machen sich bis in die Wüste hinein bemerkbar. Deshalb sieht ganz Damaskus aus wie eine verblühte Schönheit. Der Barada quillt noch wie vor 1000 Jahren, aber der Strom der Geschichte, der einst in der arabischen Heldenzeit hier flutete, ist versiegt. Nie ist Damaskus in den Kreuzzügen den Muhammedanern abgenommen worden, immer, und noch heute ist es eine Hochburg des Islam, aber der Muhammedanismus selbst ist nicht mehr jung. Alles welkt, verstaubt, wird bei lebendigem Leibe zum alten Gerümpel. Goldschmiede sitzen in ihrer Halle und blasen in ihre

Moschee mit dem Porzellanturm in Damaskus.

flammen, aber was sie machen, ist in der Hauptsache Luxus für neugierige Abendländer. Stofflager verkaufen bunte Sachen, aber es ist nötig zu sehen, ob man nicht deutsche Ware nach Deutschland zurückträgt. Alle die zahllosen Händler machen den Eindruck, den das Sprichwort kennzeichnet: Viel Geschrei und wenig Wolle! Wir verstehen nicht, wie man uns in Konstantinopel sagen konnte: Kommen Sie erst nach Damaskus, das wird Ihnen imponieren! Nein, wahrhaftig! Konstantinopel ist etwas Anderes als Damaskus, es hat Wärme in seinen Adern und ein kräftig pulsierendes Herz. Über Damaskus aber möchte man schreiben wie über ein altes Märchen: es war einmal. Wer länger als wir bleiben und beobachten kann, wird wohl mehr an Damaskus finden. Es bietet reinen Orient, allerdings im Verfall.

* *

Eine kleine Szene soll nicht vergessen werden. Fünf oder sechs Reisegenossen saßen auf Pferden und ritten langsamen Schritt über das gräuliche Pflaster der langen Beduinenvorstadt Meidan. In ihrer Mitte ritt auf einem kleinen Esel ein dicker Türke, dem die Pferde gehörten, und hinter den Pferden liefen in gewohnter Weise die syrischen Pferdejungen. Da war das Pflaster zu Ende, die Steppe begann und die Karawanenstraße nach Mekka lag frei vor uns. Ein alter Kavallerist begann einen frisch-fröhlichen Ritt in der Richtung nach der Stadt des Propheten (Entfernung 21 Tage), wir anderen hinter ihm drein, der Türke aber, der nicht mitkonnte, schrie am Rande der Wüste wie ein altes Weib, dem man seine Ziegen geraubt hat. Schließlich fingen er und seine Pferdejungen den letzten Reiter von uns und behielten ihn als Geißel, bis wir andern es für gut fanden, wieder umzukehren. Von beiden Seiten wurde nun in der erquickendsten Weise geschimpft, was um so ungehinderter vor sich gehen konnte, als beide Teile keine Ahnung vom Sprachschatz ihrer Gegenseite hatten. Auf diesem Ritt nun war es, wo wir Damaskus in schönster Beleuchtung gesehen haben: Abendsonne an den Ausläufern des Libanon, verklärte Spitzen der Minarets, dämmernde weiße Kuppeln, verschwimmende

Mauern in dunkelgrüner Tiefe. Dieser Blick vom Flachlande aus ist wertvoller, als der von der halben Höhe, auf die wir nachmittags fuhren. Vielleicht aber ist es nötig, bis völlig auf den steilen Berg zu steigen, der Damaskus beherrscht, wenn man den Geist der Landschaft ganz in sich aufnehmen will.

* * *

Künstlerisch schön ist von allem, was wir in Damaskus sahen, nur die große Moschee in der Mitte der Stadt. Sie ist vor einigen Jahren abgebrannt und wird mit vielen Kosten aus öffentlichen Mitteln wieder aufgebaut. Merkwürdig ist, daß dieser muhammedanische Tempel von lauter Christen gebaut wird, da die Türken die Kunst verloren haben, etwas hervorragend Schönes zu schaffen. Sie leiden am Marasmus. Vielleicht ist es ihre Weiberwirtschaft, an der sie eingehen. Das, was aber gebaut wird, ist in seiner Art sehr schön. Motive aus dem Stil der alten Basilika einigen sich mit maurischer Dekoration zu einem feinen Gesamtbild. Wahrscheinlich wird es noch einige Jahre dauern, ehe der ganze Bau fertig ist, dann aber wird er würdig sein, anderswo zu stehen, als in Damaskus.

* * *

Der Leser muß verzeihen: es ist nicht alles in Ordnung. Meinen letzten Bericht sandte ich von Damaskus aus in die Heimat. Inzwischen ist viel geschehen. Wir fuhren von Damaskus mit der neuen französischen Eisenbahn bis Muserib und begannen dann das Karawanenleben, dessen vorläufiges Ende der heutige Abend macht, an dem wir Gäste des lateinischen Klosters von Nazaret sind. Von Damaskus bis Nazaret, das ist mehr als man nach einem sechsstündigen Ritte in glühender Hitze beschreiben kann. Selbst Palästinenser schütteln die Köpfe über die für diese Jahreszeit ungewohnt heiße Temperatur, und wir schämen uns nicht, zu gestehen, daß wir gestern im Jordanthal und am See Genezaret matter waren, als es sich für den Eintritt ins gelobte Land ziemte. Glücklicherweise verflog die Schlaffheit, sobald wir wieder Bergluft hatten. Der heutige Ritt war etwas mühsam,

Ankunft in Nazaret.

aber besonders in seinem Schluß großartig. Von Tiberias aus steigt der Pfad, der einem Alpenwege gleicht, mehrere hundert Meter aufwärts, um sich dann im Hügelgebiet von Galiläa bald auf, bald nieder nach Kana zu schlängeln. Hier wird am Brunnen Halt gemacht. In einem schattigen Garten liegen die Reiter der ersten Gruppe, unter ihnen die strammste Reiterin der Gesellschaft, und trinken Wasser, Wasser, Wasser. An die religiöse Bedeutung des Ortes wird zunächst wenig gedacht. Das körperliche Bedürfnis fordert zuerst sein Recht, nur langsam windet sich durch Roßgetrampel, Wasser und Citronensaft die Erinnerung hindurch, die uns nach Kana geführt hat. Es war Wasser aus dieser Quelle, von dem Johannes erzählt. Steinerne Wasserkrüge standen um uns. Die Mädchen von Kana trugen sie auf den Köpfen. Irdisches Wasser, himmlischer Wein! Menschengeschichte, Gottesoffenbarung! O Jesu, unser Wasser, unser Denken und Wollen wartetauf deinen Segen! Wie es einst war, als der Meister hier wandelte, wissen wir nicht. Man reist nicht von Berlin bis Galiläa, um hier zu grübeln und zu kritisieren. In Kana muß man des Wunders von Kana gedenken, sonst hat es keinen Zweck in Kana zu sein. Von Kana ritten wir zwischen Kaktushecken aufwärts. Kalkstaub wirbelte stromweis in die Höhe. Es war einer jener Momente, wo man das heilige Land mit recht unheiligem Unwillen befleckt. Da ändert sich die Szene. Die Sonne geht über dem Karmel unter. In tiefem gesättigten Blau liegt der Berg des Elias und purpurn, herrlich sinkt hinter ihm die Sonne in ihr nasses Bett. Ob wohl Jesus, Petrus, Johannes solche Sonnenuntergänge sahen? Und wenn sie Zeugen dieser Pracht waren, weshalb schwiegen sie von ihr? Waren sie nur religiös und nicht ästhetisch? Es ist nicht das letzte Mal, daß diese Frage uns beschäftigen wird. Die Sonne geht unter, Galiläa wird zum „Volk, das da wohnet im finsteren Lande", der Mond wird stechend hell, der Abendstern ist doppelt so stark

Kana.

als daheim, die Kakteen werden gespensterhaft, wie Schatten schwanken lasttragende Kameele vorüber, das bunte, zerlumpte Volk der Gegend lehnt an den verstaubten Mauern, mit letzter Kraft steigen unsere Pferde den Berg vor Nazaret in die Höhe (das meinige hat nicht wenig zu tragen), da leuchten die Lichter von Nazaret. Auf keinem deutschen Pferde möchte ich nach Sonnenuntergang die staubige Klippenstraße von Nazaret hinabsteigen, aber auf einer kleinen weißen arabischen Stute wird das Unmögliche möglich. Was für Tiere könnten diese Pferde sein, wenn sie besser gepflegt würden! Aus Dankbarkeit beschloß unsere Reitgruppe, in Nazaret jedem Pferde für 50 Centimes Gerste zu stiften. Sie hatten es verdient, so gut wie wir die Suppe verdient hatten, die uns der freundliche Prior herstellen ließ.

* * *

Es soll Pilger gegeben haben, die an der Grenze des gelobten Landes vom Pferde stiegen, um den Boden zu küssen, den die Füße Jesu betraten. Wir sind nicht in diesem Sinn als Pilger gekommen, die den Allgegenwärtigen nur am Jordan zu finden wissen. Was uns Jesus ist, steht uns fest, ganz abgesehen von allem Augenschein des heiligen Landes. Wir erwarten nicht, durch den Ritt von Muserib nach Jerusalem neue Aufklärungen für unser inneres Leben zu gewinnen. Was können die Steine sprechen, die Palästina bevölkern? Dieses ist unsere Grundauffassung, die wir mitbringen, und doch wirkte es stark und tief, als uns ein süddeutscher Freund unter dem breiten Baum vom alten Gadara sagte: hier treffen wir zum ersten Mal einen Ort, wo nachweislich Jesus gewesen ist. Wir lagen im Schatten nahe aneinander gedrängt, die Flaschen Apollinariswasser und Dreherbier (aus Wien) waren geleert, der treue Abdallah, ein Zögling des syrischen Waisenhauses, reichte Kaffee herum, da hieß es: hier beginnt der Fußtritt Jesu merkbar zu werden! Jesus hat hier gesessen, gelegen, getrunken, Jesus hat hier nicht als Begriff geweilt, nicht als Theologengebäude; hier war er Mensch wie wir. Er saß mit Leuten zusammen wie wir. Ob wohl dieser Baum bis zu ihm zurückreicht?

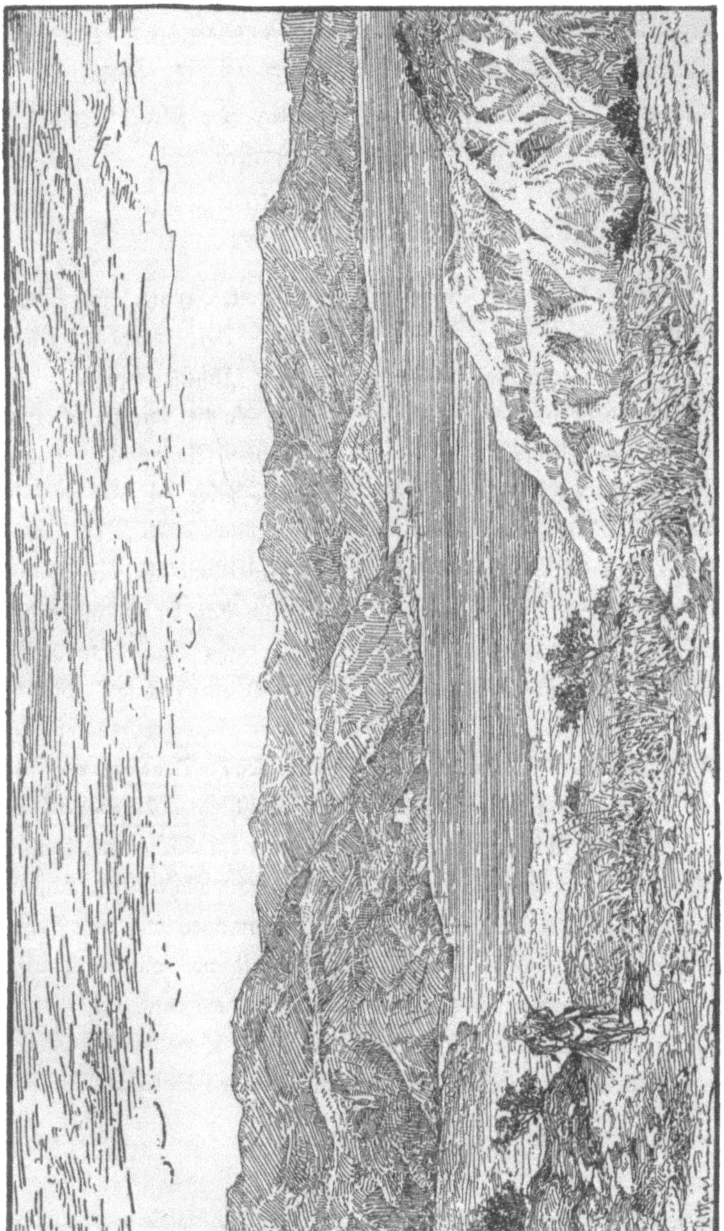

See Genezaret.

Waren die Gadarener, die ihn baten, ihre Grenzen zu meiden, dieselbe Sorte von Leuten wie die, welche von uns Bakschisch fordern? Hat Jesus vor solchen Leuten gesprochen? Vor solchem Volk? Es scheint, er hat seine Perlen vor Säue geworfen. Eine Bergpredigt vor solchem Menschenmaterial: O Herr, Herr, du bist die Geduld gewesen!

* * *

Gestern abend lagen wir am galiläischen Meer. Hinter uns waren die Zelte, unsere Koffer und unsere Eseltreiber. Wir lagen im Kieselgestein und sahen blaugraue Wellen an unseren Füßen zerfließen. Es wiegten sich vier oder fünf Boote in den Wellen, Kähne, wie sie schon zu Jesu Zeiten dieses Wasser belebten. Von solchem Kahne aus hat er geredet. Kennt ihr das Gleichnis vom vierfachen Acker. Es ist eine einfache Geschichte, die jeder sofort begreift, der palästinensischen Acker sah. Das Steinigte, die Dornen, der Weg durch Mais- und Gerstenfeld sind Dinge, die wir kennen. Im Kahn schlief Jesus, das Haupt unter dem schattengebenden Brett am Ruder, auf dem vor uns der kleine braune Araber im Fez mit weißen Hosen sitzt. Das Wasser rauscht wie der Schweriner See. Es ist aber ein weiches warmes Rauschen. Wer sagt, wieviel Grad Réaumur in diesen Wassern schlafen? Der See ruht sich aus von der Tageshitze und über dem See glüht rotes Abendlicht auf den Bergen, die möglicherweise der Speisung der fünf Tausend dienten. Wer italienische Berge gesehen hat, wenn sie rot und violett am Himmel ruhten, kann sich eine entfernte Vorstellung dessen machen, was wir sahen. Leere, trockene, glühend heiße Berge voll Farbe und voll bunter Wärme. Am Tag ist die Umgebung des Sees langweilig und eintönig. Am Abend wird sie zaubervoll. Alle Schluchten bergen blaue Geheimnisse, alle Ränder haben Sonnenleben. Hier entstand der Glaube an den Vater im Himmel.

* * *

Man sagt, daß vor uns keine europäische Karawane von gleicher Größe vom Haurangebirge her durch den Dscholan gewandert sei. Es

kann wohl so sein. Wenige Striche der bewohnten Erde sind so wenig von Abendländern besucht als dieser. Es war keine kleine Aufgabe, die „Palmer, Kappus & Co.“ hatten, als sie uns in der Wüste versorgten, 250 Pferde gehörten zur Versorgung und zum Ritt. Den Anfang machte ein Araber mit Gewehr, einige Soldaten begleiteten unsern Zug. Pferde aller Art machten Bekanntschaft mit Reitern jeder Sorte. Voran ritt der Herr Major, ein Bayer, der mit Vorliebe vom Feldzug und vom Manöver spricht. Einige Offiziere sind froh, etwas bessere Pferde erhalten zu haben und bilden den Kopf. Kein einziges Pferd ist so gesattelt, wie man es in Deutschland für jeden Husaren Seiner Majestät fordert. Was zerreißt, bessert der Araber mit Bindfaden aus. Ich habe allein am ersten Tage dreimal den Steigbügel zerrissen. Allah will es, wenn das Sattelzeug schlecht ist. Mein erstes Pferd war das beste, was ich wohl je bekommen werde, eine weiße arabische Stute, edles Blut, schlecht gesattelt, aber von kostbarem Temperament. Leider machte dies Pferd die Reise nur bis Bet Ras, unserem ersten Zeltlager, mit. Der Araber, der sie führte, log mich durch den Dragoman an, indem er sagte, ich würde dieses Pferd bis Jerusalem haben. Am anderen Morgen blieb er einfach weg. Nach vergeblichen Warten nahm ich den letzten Gaul, der übrig blieb, und genoß das sehr zweifelhafte Vergnügen, eine Stunde lang letzter zu sein. Wenn jetzt der Sattelgurt reißt, bin ich verlassen. Er reißt nicht, aber das arme Tier, dem sein Reiter zu schwer ist, macht bei jedem Schritt schmerzhafte Verbeugungen. Das ist Wüstenfreude. Dank dem Reiseführer, der mir dann seinen Schimmel abtrat! Es war ein gutes Tier, aber noch immer zu schwach. Erst in Tiberias wurde ich wieder gut versorgt. Langsam verstreichen die Stunden. Unzähligemal klingt der Uhlandsche Vers durch

Wüstenlandschaft.

die Landschaft: Viel Steine gab's und wenig Brot. Brot war ja da, aber es war ausgetrocknet, der Gaumen schmerzte, der Abstieg von Gadara zum Jordanthal war eine Geduldsprobe, mühsam auf ungenügendem Roß ritten wir unten durch das Wasser. Der Trunk aus Ziegenfell, den uns der bakschischfordernde Syrer anbot, schmeckte wie Kalkfarbe, und doch wurde er tief und lang getrunken. Das Pferd netzte sich das Maul, und unter unerhörter Hitze trotten wir dem Südrande des galiläischen Meeres entgegen.

* * *

Selten hatten wir bisher Gelegenheit, unter freiem Himmel zu schlafen. Am galiläischen Meere war aber das Zelt so heiß, daß wir nichts anderes thun konnten, als unser Zeltbett unter den freien Himmel zu tragen. Dort knackte und brach es zusammen. Auf den Trümmern des Bettes lagen wir im schwarzen Schatten des Zeltes, während der Mond die Landschaft mit silbernem Lichte umgoß. „Es soll dich der Mond des Nachts nicht stechen", wird erst hier verstanden. Tausend Sterne funkeln in südlichem Glanze. Langsam verstummt das Gesumm der Menschen. Einige Pastoren baden um Mitternacht im See, ein Berliner Jurist läßt zwischen 12 und 1 Uhr sich Kaffee brauen, ein zweifelhafter Genuß für den, der Mokka und Genezaretwasser vereinigt trank. Schließlich giebt es nur Zelt, Himmel, Sterne, Pferde, Esel und grenzenlose Müdigkeit. Es ist, als ob die Pferde immer näher herankämen. Sie fressen das dürre Gras der Steppe. Hin und wieder schreckt der Schläfer auf, schließlich weiß er nichts mehr vom Orient. Er schläft, bis ihn früh die Füße derer wecken, die vor Sonnenaufgang im See baden wollen.

* * *

Tiberias soll nächst Jericho die heißeste Stadt Palästinas sein. Es war ein heißer Morgen, als wir im Kahn saßen und nach Tiberias fuhren. Jesus und Petrus blicken aus den Wassern. Gesprochen wird wenig. Die Hälfte der Reisenden ist matt. Hin und wieder fährt eine Welle über den Rand des Kahnes. Es ist wahr, daß der See Genezaret gefährlich werden kann. Ein Eingeborener trägt uns aus dem Kahn aus Land. Natürlich sagt er: Bakschisch! Wir haben aber keine kleine türkische Münze mehr. Er muß sich trösten, nichts zu bekommen. Einzeln und gruppenweise wandern die Deutschen durch Tiberias. Judenschule, Bazar, orientalisches Handwerkerleben, enge Gassen, viel Geschrei, einige verstaubte Palmen, waschende Weiber am See, ein gutes deutsches Hotel. Gern würde ich mehr schreiben, wenn ich noch schreiben könnte. Gute Nacht! Der Ort, wo mein Bett steht, heißt Nazaret.

* * *

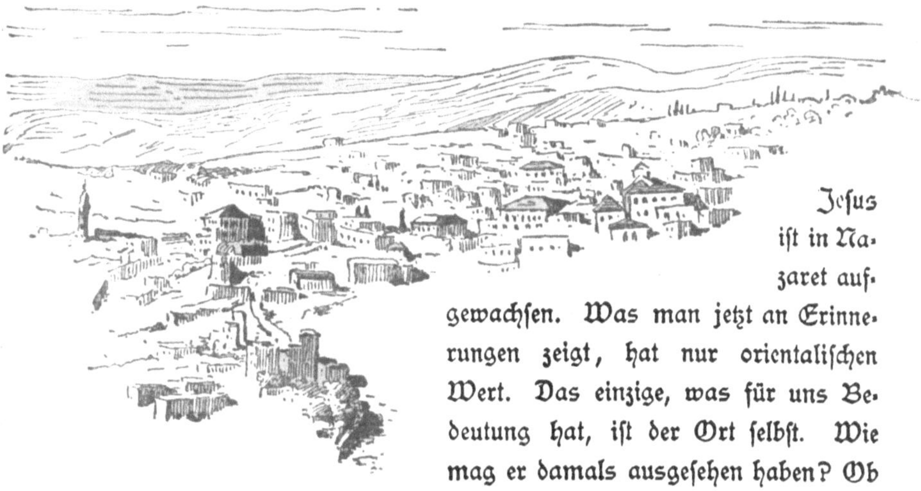

Jesus ist in Nazaret aufgewachsen. Was man jetzt an Erinnerungen zeigt, hat nur orientalischen Wert. Das einzige, was für uns Bedeutung hat, ist der Ort selbst. Wie mag er damals ausgesehen haben? Ob es wohl mehr grüne Bäume gab als jetzt? Man denke sich alle modernen europäischen Gebäude hinweg, nehme auch alle Kaktuswände weg, lasse die Glocken verstummen und die Patres verschwinden, man nehme dem Ort alle Berühmtheit und alle historische Wichtigkeit, so wird man sich eine gewisse Vorstellung machen können von dem Boden, den Jesus vorfand. Wir sehen dieselbe Aussicht, die er sah, wir sitzen auf dem Abhang, wo er saß, wir trinken Wasser von der Quelle, wo Maria schöpfte. Maria von Nazaret, gebenedeiete unter den Weibern, dich sucht unser Auge, wenn es an den Frauen von Nazaret vorübergleitet! Hat Maria so ausgesehen wie die Mutter, die ich Wasser schöpfen sah? Sie war jung, voll, schwarzäugig, gelenkig. Auf dem Kopf stand die schwarze Amphora, an ihrer Seite klebte, reitend auf der breiten Hüfte, ein kleines Kerlchen von etwa zwei Jahren. Diese Frau ist alles andere als eine deutsche Madonna, aber wahrscheinlich der wirklichen Maria ähnlicher, als alle Marienbilder zwischen Rom und Köln. Wir sind geneigt, Maria wie eine holde, rosige mittelalterliche Maid zu denken, einen Engel vor sich und eine weiße Lilie in der Hand. Lebe wohl, deutsche Maria, lebe wohl! Aber freilich, wenn Maria asiatisch gedacht wird, so bleibt das nicht ohne Einfluß auf Jesus. War er so, wie Dürer, oder Overbeck, oder Thorwaldsen, oder Uhde ihn dachten? Sie alle waren nicht in Nazaret, dem Ort, wo man am ersten träumen mag, wie Jesus aussah. Ahnen können wir es, aber zu sagen wagen wir es nicht. Ahnungen lassen sich nicht in bestimmte Worte gießen.

* * *

Im Leben Jesu fehlt uns viel, das wir nicht wissen. Er steht vor uns wie ein Berg, von dem das Wasser die weiche Erde hinwegfraß. Was weiß man von seinem eigenen Herzen? Wenig Worte nur beleuchten das Verhältnis Jesu zu seiner Mutter. Von Joseph wissen wir, genau genommen, nichts. Seine Brüder sind für uns ungreifbare Gestalten. Wie stand es mit Schwestern Jesu? Niemand kennt die Vorgänge in seiner Familie, ehe er öffentlich auftrat. Auch sein Bildungsgang ist uns verborgen. Der Schulmeister von Nazaret, den der alte geistreiche Kirchenhistoriker Haase selig preist um seines Schülers willen, mag hier auf irgend einer Kalkplatte geschlafen haben, nachdem er sein kleines Korps entlassen hatte. Er mag von den Limonen gegessen haben, wie sie auf den Terrassen hier wachsen. Vielleicht aber gab es ihn auch gar nicht. In gewissem Sinn wird uns, die wir Nazaret durchsuchen, das merkwürdige Wort des Hebräerbriefes verständlich, das Christus, den neuen Melchisedek mit den Worten kennzeichnet: „ohne Vater, ohne Mutter, ohne Geschlecht, und hat weder Anfang der Tage, noch Ende des Lebens". Eins nur wissen wir sicher bei aller Unsicherheit, nämlich, daß ihn die Nazarener von dem steilen Bergabhang herabstürzen wollten. — Sie würden es heute wieder thun, sie nicht allein.

* * *

Wenn die Leser glauben, das erste Wort aus Jerusalem müsse ein besonders frohes, glückliches sein, so irren sie sich. Das erste Wort in Jerusalem heißt: Bier, Wasser, Mittagsruhe! Alles andere kann später kommen. Wir haben 7 Tage geritten, in diesen Tagen lagen wir nur einmal in einem Gasthaus, mehrere Tage kamen die Beinkleider nicht vom Leibe, alles, was an uns ist, sitzt voll von dem weißen Kalkstaub des heiligen Landes; heute ritten wir früh Punkt vier von Dschild-schilja ab und saßen mit kurzer Frühstückspause bis zwölf Uhr auf dem Roß — das alles bei starker orientalischer Hitze. Und doch wir alle, die wir die Landtour von Muzerib bis Jerusalem vollständig gemacht haben, sind ohne Ausnahme froh, daß wir diese interessante, lehrreiche Reise haben machen können. In den letzten vier Tagen waren wir 13 Köpfe, meist jüngere Theologen. Die übrige Gesellschaft reiste über Haifa und Jafa mit Schiff und Eisenbahn nach Jerusalem und befindet sich, während wir ankommen, in Jericho. Wir 13 haben trotz der Unglückszahl Glück gehabt. Es sind mehrere, darunter auch Schreiber dieser Zeilen, gelegentlich vom Pferd gestürzt, aber niemand ist verletzt. Es war heute früh, bald nach vier, im Morgendunkel, als sich mein Sattel löste und mit mir an abschüssiger Stelle nach rechts zuwandte, wo Dornenstrauch und Felswand mich aufnahmen, während links der Abhang in die Tiefe ging. Der Fuß blieb im Steigbügel hängen,

Ankunft in Jerusalem.

ein Zustand, der bei jedem europäischen Pferde verhängnisvoll gewesen wäre. Hier war keine Not, denn das brave weiße Pferd stand wie eine Mauer und wartete in absoluter Ruhe, bis Freunde kamen, um den Fuß zu befreien. Es waren keine Musterpferde, die wir hatten, denn alles, was gut war, war längst zum Kaiserempfang nach Jerusalem. Die Pferde einiger Reisegenossen waren sogar einfach schlechte, alte Packtiere, die nur Schritt und eben nur Schritt laufen können. Es ist anzunehmen, daß die Gesellschaft bei einer späteren Reise besseres Pferdematerial bieten kann. Zu fordern aber ist, daß besseres Sattelzeug geliefert wird. Die meisten Ungelegenheiten der Reise stammten von dem unbeschreiblich verwahrlosten Zustande des Riemenwerks. Ich habe kein Pferd gesehen, an dem die Steigbügelriemen nicht mit Bindfaden geflickt gewesen wären. Das mag für Araber passen, für Deutsche ist es lebensgefährlich, umsomehr, als das Terrain das schwierigste ist, was Reitern geboten werden kann. Bergauf, bergab, über Klippen, durch Geröll, über spitze Steine, an schmalen Kanten, auf Wegen, die der Alpentourist mit dem Eisenstock geht, immer muß das Pferd den rechten Tritt wählen, und in der That, es wählt ihn. Das Pferd ist in hundert Fällen verständiger, als der Reiter. Man gewinnt zu seiner Zuverlässigkeit ein solches Vertrauen, daß man es ruhig wagt, auch bei Nacht, im Halbdunkel des südlichen Sternenhimmels, sich ihm zu überlassen. Aufpassen muß man freilich stets, um sich den Wechseln und Schwankungen anzuschmiegen. Ohne diese Pferde könnte die Landreise nicht von Europäern gemacht werden, denn niemand von uns kann tagelang bei dieser Hitze auf diesen Wegen gehen. Man begreift nicht, für was der Türke 3 Frank pro Kopf jährlich Wegesteuer zahlt. Es giebt Wege, an denen vermutlich seit der Zeit der Kreuzfahrer nichts gebessert ist. Jeden Tag ziehen Kameele, Pferde und Esel dieselben Straßen. Allah will es, daß die Mühsal nicht geringere ist. Mit dem Rufe J-Allah! treibt man abends die Tiere zum letzten lärmenden Trab, die Reiter steigen ab, die Pferde weiden unter nächtlichem Himmel. — —

* * *

Als wir dem ehrwürdigen Prior in Nazaret ein pax vobiscum gesagt hatten, ging unser Weg abwärts zur Ebene Jesreel. Links ist die halbkreisförmige Kuppe des Tabor, rechts senkt sich blau zum Meer der Karmel, dessen Hotel dem Fernglas offen liegt und dessen Eliaserinnerungen den Sinn beschäftigen. Elias war so wie diese Natur: kantig, herb, gerissen, vulkanisch. Auf der Ebene Jesreel suchten die Mannen Ahabs den revolutionären Propheten. Sonst hat man hier ungezählte Schlachten geschlagen von Debora bis Napoleon. Auf dem Berge Gilboa sanken Saul und Absalom in den Tod. Es ist nicht fern, wo Jephtas Tochter blutig oder unblutig sich opfern ließ. Wo mag Joseph gegangen sein, als er von

Sichem nach Dothan wanderte? Immer wieder wurden biblische Erinnerungen hervorgeholt, wir glauben aber dem Leser einen Dienst zu thun, wenn wir nicht jede solche Erinnerung aufzeichnen, denn dem Leser fehlt ja eben das, was uns die Erinnerung belebte, das kurze Wörtlein: Hier ist es gewesen! So ungern wir in Kirchen, Krypten und Gemächer gehen, wo man für Geld entweder etwas von Paulus oder etwas von Johannes sehen kann (meist ist es Schwindel), so gern bevölkern wir uns das freie Land mit den Gestalten der Vergangenheit, indem uns dabei das Gesicht der längst ruhenden Lehrer aufsteigt, von denen wir die Geschichten der israelitischen Urväter, Propheten und Apostel zuerst gehört haben.

* * *

Mitten in der Ebene Jesreel liegt bei einer Karawanenkreuzung eine Quelle. Es ist unglaublich, was für Wasser man sich in Palästina zu trinken entschließen kann. Man sieht den Staub und das Stroh im Kruge schwimmen und trinkt doch. Der Körper braucht, besonders in den ersten Tagen des Aufenthaltes, viel Feuchtigkeit, denn die Luft zehrt gierig an der menschlichen Nässe. Die meisten von uns haben Schleier um den Kopf geschlungen, einige legen nasse Taschentücher über das Gesicht, Pferde und

Menschen schlürfen aus demselben Rinnsal. Dabei aber stehen und sitzen die Weiber und Töchter des traurigen Nestes, zu dem die Quelle gehört. Wer einmal glänzende Buntdrucke gesehen hat, die rot und blau gekleidete Orientalinnen darstellten, der streiche diese glatten, brennenden Bilder völlig aus seiner Phantasie, falls er die eingeborenen Frauen des platten Landes sich denken will. Fast nie sieht man ein wirklich feines Kleid, dagegen viel rohes, handgewebtes Leinen in blau, weiß und braun. Bisweilen kommen Armspangen vor, der gewöhliche Anblick aber ist der des geplagten armen Weibes, von dem der Beduine sagt: „die Frau ist ein Gefäß." Da Armut und Schönheit, wie jeder weiß, nur selten zusammengehören, so ist es nur natürlich, wenn wahrhaft schöne Gestalten an den stets weiblich bevölkerten Quellen nicht besonders häufig sind. Von Zeit zu Zeit nur sieht man ein paar Zähne, ein paar Augen, ein paar Wangen, die zum Zeichnen auffordern würden, wenn mir nicht bei der großen Hitze das Zeichnen zu schwer geworden wäre. Obwohl ich das Skizzenbuch mit mir führte, habe ich von Damaskus bis Jerusalem wenig gezeichnet. Es war genug an der sonstigen Leistung. Unermüdlich aber zeichnete unserer wackerer schwäbischer Freund Hartmann. Er schien unverwundbar für die sengenden Strahlen. Wir sehen ihn vor uns, wie er im Gebirge Ephraim die Mädchen ordnete, um sie zu photographieren und wie er dann wieder auf seinem Braunen saß und vom Pferde herab Ölbäume, Feigenplantagen, Steinwände, Eseltreiber, Gebirgsrücken und wer weiß was sonst noch in sein Skizzenbuch eintrug.

* * *

Als die Dämmerung über die Ebene flog, atmeten die matten Lungen auf. Wir ritten und sangen deutsche Volkslieder. Mit besonderem Empfinden klang die Strophe an die Berge Ephraim hinan:

Fern in fremden Landen war ich auch,
Bald bin ich heimgegangen,
Heiße Luft und Durst dabei,
Qual und Sorgen mancherlei;
Nur nach Deutschland, ja nur nach Deutschland,
Da thät mein Herz verlangen.

Orientalinnen.

Sebastijè.

Auch Choräle wurden angestimmt, wie Ort und Zeit sie gaben. Der Weg zog sich wie ein langer grauer Streifen durch die Mondnacht. Endlich ritten wir durch das dreifache Thor von Dschenin. Neben uns schwankten eben die vorangesendeten Kameele mit unserem Vorrat. Auf dem Karawanenplatze standen die Zelte. Man wohnt gut unter Zelten und besinnt sich dabei wohl des eigentümlichen Ausdruckes im ersten Kapitel des Johannes: „Das Wort ward Fleisch und zeltete unter uns." Bier und Mineralwasser wurde von einem Syrer zu zwei Franks die Flasche verkauft. Alles war warm. Nicht jeder konnte in dieser Lage Fleisch essen, aber Suppe, Eier und Rosinen hat keiner verachtet. Nach dem Essen kam die Abendandacht und nach ihr der Schlaf. Wer mit seinem Zeltbett zusammenbrach, lag auf der Erde. Geweckt wurden wir am folgenden Morgen durch die bewegliche Klage eines sächsischen Kandidaten der Theologie, der über die abscheuliche Kälte im Orient raisonnierte. Er hatte nicht ganz unrecht. Nach glühenden Tagen kann es nachts recht empfindlich kalt werden.

* * *

Ganz einzigartig war unser Aufenthalt in Sebastije, dem alten Samaria. Es steht dort eine gut erhaltene romanische Kreuzfahrerkirche, die zur türkischen Moschee verwandelt ist. Sie hat bei dieser Verwandlung von ihrer feinen keuschen Schönheit nichts verloren. In ihrem Vorhof steht, zwischen Steine geklemmt, eine Palme. Man steigt mehrere Stufen herab, durchschreitet das Portal und ist in der Welt der alten Johanniterritter. Dem Vorstand der Moschee machte unser Dragoman klar, ich sei in der Heimat dasselbe, was er hier sei. Daraufhin ließ ich ihn fragen, ob wir in der Moschee ein Loblied für Gott (Allah) singen dürften. Er antwortete: „Die Deutschen sind unsere Freunde" und gab seine Erlaubnis. Niemand von uns vergißt jemals, wie wir in dieser weltfernen romanischen Moschee gesungen haben: „O heilger Geist, kehr bei uns ein."

* * *

Die Gegend zwischen Sebastije und Nablus war die landschaftlich schönste Partie des Landweges von Nazaret nach Jerusalem. Im übrigen

Gesang in der Moschee.

bieten die Wellenberge mit ihrem grauglänzenden Gestein wenig besonders Anziehendes. Einzelne Stellen erinnerten in ihrer Zerklüftung an die Alpen der Gotthardgruppe. Überall fehlt Wasser. Das ist es, was den Teil zwischen den alten Städten Samaria und Sichem auszeichnet, daß hier Wasser und damit Gartenkultur auftritt. Das Auge empfindet es als Wohlthat, etwas in Grün ausruhen zu können. Einige alte Ölbäume sind von wahrhaft abenteuerlicher Schönheit. Sie haben soviel Drehungen, Windungen, Schnörkel, daß es schwer ist, ihnen keine Seele zuzutrauen. Wenn sie aber Seelen haben, dann sind es alte, geprüfte, durch vielerlei Schicksal hindurchgegangene Frauenseelen. Unter dem Schleier kleiner blaugrüner Blätter liegt das kaum zu entwirrende Geäst rachsüchtigen, zornigen, spöttischen, liebenden und biegsamen Gehölzes. Wenn die Abendsonne solche alte Bäume trifft, dann sind sie wie Menschen, die einen späten, aber seligen Frieden gefunden haben.

* * *

Nablus ist die anständigste Stadt zwischen Nazaret und Jerusalem. In ihrer Mitte stehen hohe moderne Häuser reicher Türken, von denen man uns erzählt, daß sie den Handel dieser Provinz in Händen haben. Ein Kaffeehaus mit Garten blickt nach dem Berge Ebal hinüber. In dichter Reihe sitzen die Männer mit dem Fez und der Nargileh, der Wasserpfeife. Leider glückte es uns nicht, einen Samaritaner mit rotem Turban zu entdecken. 180 Familien sind es, die noch am alten Samariterglauben festhalten, eine wahrhaft alte Garde der Religionsgeschichte. Wie ein kleines Paradies liegt zwischen Cypressen und Limonen das Pfarrhaus des von

Ölbäume.

der englischen Church-Mission angestellten deutschevangelischen Missionars Fallscheer. Wir besuchten ihn trotz Staub und etwas steifer Kniee und fanden einen weißhaarigen Greis, der nach langen Jahrzehnten schwerer Arbeit treu auf seinem Posten beharrt. In seinem Vorsaal rauchten wir die landesübliche Cigarette und durften seine Familie begrüßen. Dieser Mann war es, der dann in unseren Zelten Mitwirkender bei einer endlosen Verhandlung wurde, die sich zwischen uns und mehreren türkischen Beamten entspann. Es handelte sich um die Inlandspässe. Offenbar wollten die Beamten Geld verdienen, und es gelang ihnen auch in beachtenswerter Weise. Unter einem alten breiten Ölbaum zwischen den Zelten saß als einziger unter lauter stehenden Menschen der dicke oberste Beamte des Ortes. Vor ihm wiederholte unser Führer zahllose Male alle Gründe, warum wir nach Jerusalem müssen. Wir sind vom deutschen Kaiser eingeladen, sagt der Missionar. Beim Wort Imperator machen die Beamten eine devote Hand- und Kopfbewegung, aber ihre Pässe und ihren Bakschisch wollen sie doch. Der übliche Ausdruck für den Kaiser beim gewöhnlichen Volk ist übrigens Sultan von Preußen. Als Kaiser (Kesar) wird der Zar von Rußland bezeichnet. Schließlich bekamen wir Pässe, ausgestellt in Nablus, völlig in türkischer und arabischer Sprache, Denkzeichen, die wir mit in die Heimat nehmen. Der ganze Spaß hat uns zusammen etwa 80 Frank gekostet. Als innerhalb der Verhandlungen sich unser Führer, Herr Baldensperger, als Bürgen anbot, indem er darauf hinwies, daß er in Palästina Haus und Acker habe, wurde ihm geantwortet: „Wir können dich nicht brauchen; du bist ein Europäer; ein Europäer ist ein blankes zweischneidiges Schwert, das wir nicht angreifen können.“

* * *

Der Türke sagt: „Die Eile ist vom Satan.“ Er hat Recht, denn auf seinen Wegen kann man nicht eilen, man müßte denn geschaffen sein wie jener Amerikaner, der mit uns in Gilgal zu Abend aß und uns erzählte, er habe den Kaiser in Haifa photographiert und sei dann an einem Tag bis Nablus geritten und gedenke in der Nacht des zweiten Tages

Paßschwierigkeiten.

nach Jerusalem zu kommen. Er saß wie ein Araber auf seinem breiten Sattel und verschwand in der Nacht, die in den dunklen Steineichen wohnte.

* * *

Viel Mühe machte der Aufstieg zum Berge Garizim. Wir haben hinauf und herab drei Stunden gebraucht. Bei weniger Hitze mag es in kürzerer Zeit gelingen. Immerhin lohnte die Aussicht unsere Mühe. Vom Meere bis zu den Bergen Moab lag das Land unter uns, gleichsam eine lebendige Landkarte mit blauen, grauen und braunen Schattierungen. Zum erstenmale sahen wir hier die Wand der Moabiterberge, die uns nun bis Bethlehem und darüber hinaus nicht wieder verläßt. Es scheint, daß ein alter genialer Engel sie gemalt hat, der noch innere Künstlerglut bei zitternder Hand besaß. Er kannte das Geheimnis der geraden Linie. Solange er jung war, machte er Kurven, Wellen und Spitzen, nun aber setzte er am galiläischen Meere an und fuhr mit seiner alten Hand bis hin in die Gegend des Sinai. Man sieht jetzt noch am Horizont, wo die Hand schwankte. Einst hatte er auf seiner Palette alle Farben, jetzt aber besaß er nur noch zwei: grau und blau. Mit diesen zwei Farben dichtete er Schluchten, Risse und Schründe des Gebirges Moab. Wir glauben, daß der Engel bald hernach gestorben ist, denn besseres kann mit zwei Farben kein Engel fertig bringen.

* * *

Der Jakobsbrunnen ist eine der Erinnerungsstätten, die echt sein kann. Schon dieses Gefühl wirkt wohlthuend. Es ist denkbar, daß hier an der Zisterne, die, wie die Samariterin sagte, unser Vater Jakob gegraben hat, Jesus saß und über die Zeit redete, da man weder auf dem Garizim noch in Jerusalem anbeten werde. Wie wunderlich klingt inmitten der orientalischen Wirtschaft das Wort: Gott ist Geist und die ihn anbeten, müssen ihn im Geist und in der Wahrheit anbeten! Bis an die Stufen des Jakobsbrunnens geht der Handel um den Bakschisch. Es wurde angeboten, daß sich ein Mädchen für einen Türkenthaler (Medschidije) als Sameriterin an den Brunnen setzen wolle, um sich photographieren oder zeichnen zu lassen. Unser Zeichner verzichtete auf diesen Genuß. Wir sammelten uns andachtsvoll im Sinne des Liedes: „Dir, dir, Jehova, will ich singen.“ Erst draußen, außerhalb der Krypta, in der die Wassergrube liegt, machten wir eine Gruppe, um am Jakobsbrunnen das Bild der Teilnehmer des Landrittes zu gewinnen. Schnell war die Aufnahme fertig und wieder trotteten die Rosse dahin, diesmal durch eine Ebene, an deren Ende Ölbäume standen. Unter ihnen waren schon Teppiche gebreitet und Blechteller gestellt. Die Gemeinschaft nahm liegend ihr Frühstück ein. Da wurde sie zu ungeahnter Kunstleistung gerufen. Durch die Einöde klang eine schrille Trompete als Ankündigerin eines Guckkastens, wie wir ihn ähnlich vor fast 30 Jahren in deutschen Volksschulen bewundern konnten. Für einen halben Franken durfte man sich vor das runde Loch setzen und konnte nun sehen, was den Beduinen als Kultur geboten wird. Alles durcheinander: Kreuzritter, der General Gordon, die Stadt Paris, der Oberste der Teufel, der deutsche Kaiser, eine schlafende Türkin, die Schlachl von Plewna u. s. w. Blasend nahm der Wüstenkunstfreund wieder Abschied und erwartungsvoll fragten wir den Dragoman, wie weit es wohl zur nächsten Quelle sein möchte. So ging es durch die vier Tage von Nazaret nach Jerusalem. Den letzten Ritt von Gilgal aus beschrieben wir schon. Nun sitzen wir vor Jerusalem im Hause des Herrn Kappus, umgeben von den Kaisertagen.

* * *

Jerusalem hat zwei große Heiligtümer, die Omarmoschee und die Grabeskirche. Von beiden ist die Omarmoschee ohne allen Zweifel das bessere Bauwerk und die wohlthuendere Kultusstätte. Es ist natürlich für einen Christen nicht angenehm, dieses schreiben zu müssen, aber was hilft es? Die Wahrheit ist, daß in Bezug auf Anstand, Reinlichkeit, Weihe, Form und Kunst der Muhammedanismus hier besseres leistet als das alteingesessene Christentum. Es ist geradezu ein Greuel, die christlichen Erinnerungsstätten zu sehen. Wahrscheinlich war es nach Besuch der Grabeskirche, als Kaiser Wilhelm II. sagte: „Ich habe schon viel Dreck gesehen, aber so viel auf einem Haufen noch nie." Man verlange nicht, daß wir die Grabeskirche beschreiben, dieses Labyrinth von Überglauben, Dogmenzank, Gestank und Geschwätz. Wenn man eine einzige Ecke in dem ganzen schmutzig-goldigen Gewirr sucht, in der man wirklich andächtig sein könnte, wird man von Männern und Weibern aller Farben aus einer Kammer in die andere geschoben, und hat doch überall dasselbe Gefühl: der Herr war nicht an diesem Orte. Wir hoffen immer im Stillen, daß niemand von allen diesen Verehrern des heiligen Grabes das rechte Grab hat. Es ist zu peinlich, sich vorzustellen, daß dieser Jahrmarkt einer veräußerlichten Frömmigkeit sich gerade die heilige Ruhestatt Christi aussuchen durfte, um sein Heidentum auf ihr breit zu machen. Mag Jesus irgendwo sonst geruht haben, wo jetzt Schutt und Staub liegt oder wo arme Fellachen ihre Melonen bauen, an jedem Ort möchten wir ihn lieber wissen als da, wo sich jedes Ostern die Christenpilger zanken, wenn der Türke sie zanken läßt. Luft, Luft! Mit diesem Stoßseufzer geht man aus der Grabeskirche heraus.

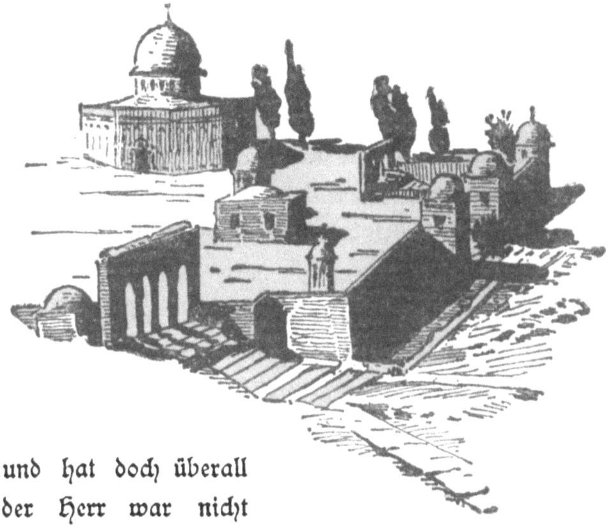

Die Omarmoschee enthält natürlich auch ein ganzes Bündel von nutzlosem Überglauben, für uns Christen aber ist solcher Überglauben in einer Türkenkirche weniger empfindlich, als in einem christlichen Heiligtum. Für die Moschee fühlen wir keine Mitverantwortung, während wir in der christlichen Kirche das Unbehagen nicht los werden: ich rechne mich zu einer Religion, die imstande ist, so zu entarten! Wir sehen den Stein und

Omarmoschee in Jerusalem.

die Grotte ohne Teilnahme und ohne Groll und wandern durch die neben der Omarmoschee liegende Aksamoschee mit dem Gedanken: das wäre ein Gotteshaus für uns, wenn wir einmal Jerusalem hätten! Der Platz um beide Moscheen herum, Haram esch-Scherif, ist in seiner Art groß und bedeutend. Was hat er für eine Geschichte vom Tempel Salomos an bis heute! Hier hat Gott hebräisch, aramäisch, griechisch, lateinisch, arabisch und türkisch sich verehren lassen. Wahrhaftig, Gott ist geduldig! Hier floß das Blut der Opfer des alten Bundes, hier stieg der Weihrauch für den Jupiter Kapitolinus, hier klangen die Doxologien des griechischen Christentums und hier breitet der Muselmann seinen Teppich auf das Tempelfeld und beugt sich von Jerusalem nach Mekka. Was wird dieser Platz noch weiter erleben? Hat er jetzt seine letzte geschichtliche Form? Schlummert noch weitere Entwickelung in den Weissagungen über den Berg des Herrn, der höher sein soll als alle Berge? Jetzt ist er höher geworden durch den Schutt eines ruinenhaft gewordenen Judentums und Christentums. Das Gold, mit dem die Koransprüche in die Kuppel hineingeschrieben wurden, war der Siegespreis, den die Kalifen von den Christen nahmen.

* * *

Es hat mehrere Tage gedauert, bis wir nur einigermaßen Geschmack an Jerusalem gewinnen konnten, und Freude haben wir auch heute noch nicht. Die Stadt als solche ist charakterlos. Man kann hier alles mögliche sehen und finden, aber keinen einheitlichen Grundzug. Auf der einen Seite sind moderne Häuser deutscher oder englischer Anlage, auf der anderen ist ein Wust von Gemäuer, das gar nicht nach den Begriffen Straße und Haus gegliedert werden kann, ein Flickwerk von vielen Jahrhunderten, in dem man alles stehen ließ, was man nicht direkt ändern mußte. Nirgends in Jerusalem außer auf dem Platz der Omarmoschee findet das Auge an Steinen und Mauern seine Freude. Die alte Zitadelle ist ein Koloß ohne Glieder, die Mauer ist eine Klippe, um die der Schutt Wellen von zehn oder zwanzig Meter wirft. Wo ist hier ein ordnender Wille, wo eine Lust an neuem Wachsen? Draußen vor dem Thor giebt's nette deutsche

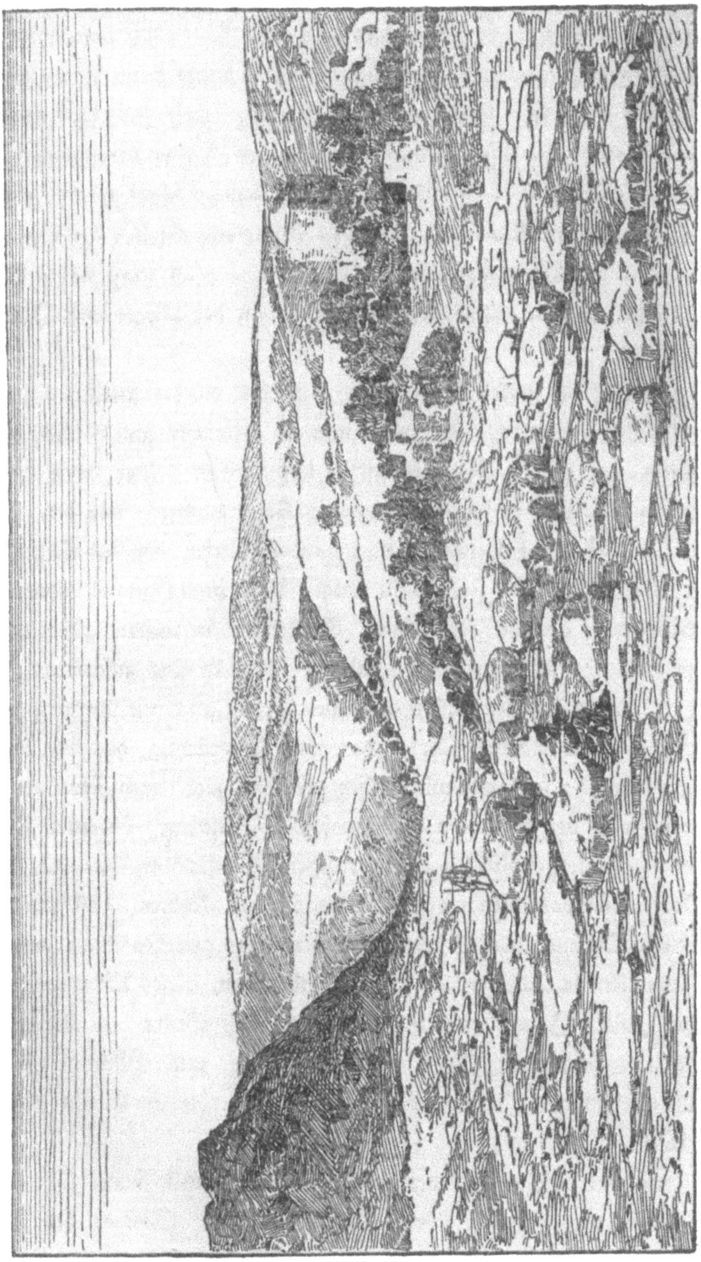

Jerusalem von Bitûn gesehen.

und jüdische Häuser, aber kaum kann man sie recht zu Jerusalem rechnen. Sie sind eine Welt für sich, in der etwas von dem Wort sich verwirklicht, daß jeder wohnen soll unter seinem Ölbaum. Die Stadt selbst ist ein Augiasstall, für den noch kein Herkules gekommen ist. Seit Jahrtausenden wird hier für zwanzig oder vierzig tausend Menschen Speise hereingebracht und nur der geringste Teil dieser Stoffe hat die heilige Stadt wieder verlassen. Es giebt im armenischen und jüdischen Quartiere Stellen, wo man umkehrt, obwohl der Weg weitergeht. Diese Dinge muß man vor sich gehabt haben, wenn man die grundverschiedenen Urteile der Pilger über Jerusalem würdigen will.

Jerusalem, du hochgebaute Stadt, was bist du der Seele auch unseres deutschen Volkes geworden! Du warst uns ein Märchen aus Gottes Garten, eine Pforte des Heils. Wir wußten, daß unsere Väter gern gestorben wären, um dich wieder frei zu machen. Selig nannten wir den, der mit betender Andacht den Leidensweg nachwandeln durfte, den das Lamm ging, das der Welt Sünde in Jerusalem trug. Wer vom Himmel reden wollte, der sprach vom oberen Jerusalem. Es zerfloß in unserer Phantasie das Diesseits und Jenseits dieser begnadeten Stadt in eins zusammen, wenn wir in deutschen Kirchen saßen und bei Orgelklang vielstimmig sangen: Von zwölf Perlen sind die Thore; das war so prächtig, das ich im Geist geseh'n; wie wird's sein, wie wird's sein, wenn ich zieh' nach Zion ein! Wer weiß noch, was bei manchem Missionsfest „Jerusalem" bedeutete? Wenn von dem berühmten englischen Volksprediger Whitefield erzählt wird, er habe das Wort Mesopotamien so innig aussprechen können, daß zweitausend Menschen zu Thränen gerührt wurden, wie muß es gewesen sein, wenn er das Wort Jerusalem in seinen melodischen Mund nahm, dieses Wort von unauslöschlicher Fülle! Jerusalem schien wie ein Kuß Gottes an die wartende Menschheit. Jerusalem schien von der Erde zum Himmel zu ragen wie eine beständige Fürbitte der Erlösten für die in Nacht verfallene übrige Welt.

Etwas von diesen Erinnerungen haben wir alle beim Pilgern nach Jerusalem in uns gehabt, stärker oder schwächer. Wer es sehr stark in sich trug, vergaß vielleicht allen Staub und Moder und sah mit dem Auge

Jerusalems Doppelnatur.

des Glaubens hinter den Runzeln und Falten des heutigen Jerusalem die Schönheit der Braut Jehovas. Er ging durch die heilige Stadt, indem er weniger sah, was um ihn herum war, weil er dem Herrn ein Loblied sang unter den Mauern von Zion. Auf andere aber wirkte die Stadt ganz anders. Sie gingen, wie der Kaiser gesagt haben soll: von einer Enttäuschung zur andern. Sie gingen und frugen in ihrem Herzen: Jerusalem, das ich suchte, wo bist du? Jerusalem, wo bist du? Gestern fand ich dich nicht, deshalb ging ich heute nochmals dich zu suchen, dich, die Stadt Gottes, deren Brünnlein lustig rinnen, denn der Herr ist bei ihr drinnen. Wir aber gehörten nicht zu den Glücklichen, die eine heilige Stadt auf Erden gefunden haben. „Hin ist hin, jetzt haben sie den Türken", wie Dr. Luther sagt. Wir sahen uns genötigt in unserem Innern eine ganz scharfe Scheidung vorzunehmen zwischen den vergangenen Thatsachen unseres Glaubens einerseits und dem heutigen Jerusalem andererseits. Beides geht sich nichts an. Nur so können wir den Aufenthalt an diesem Ort ertragen.

* * *

Wir wollten den Sonnenaufgang auf dem Ölberg erleben, aber durch eine der ortsüblichen arabischen Bummeleien kamen die Pferde zu spät. Wir ritten an den Felsengräbern und am Blutacker vorüber, als eben die Macht der Morgensonne über dem Moabitergebirge aufging. Am Teich Siloah vorüber, das Kidronthal hinauf, zur Seite von zahllosen Judengräbern kommen wir zu den Ölbäumen von Gethsemane. Hier ist das lateinische Gethsemane, dort ist das russische Gethsemane, wo ist das Gethsemane Christi? Überall verdrängt der Priester seinen Herrn. Gethsemane ist verloren, es war zu zart für dieses grobe Volk. Es ist gut, daß man nicht weiß, wo Jesus kniete. Gott sei Dank, daß man es nicht weiß! Es wäre zu greulich, zu glauben, daß der Ort für Bakschisch gezeigt würde, wo er sprach: Vater, ist es möglich, so gehe dieser Kelch von mir! Aber schlimmer als mit Gethsemane steht es mit dem Platz der Himmelfahrt. Dort bekommt man einen Stein zu sehen, in dem sich der Fuß Jesu beim Abstoßen zur Auffahrt abgedrückt hat. Die Maßverhältnisse dieses Abdruckes lassen auf einen Goliathkörper schließen. Gräßlich! Oft aber liegt

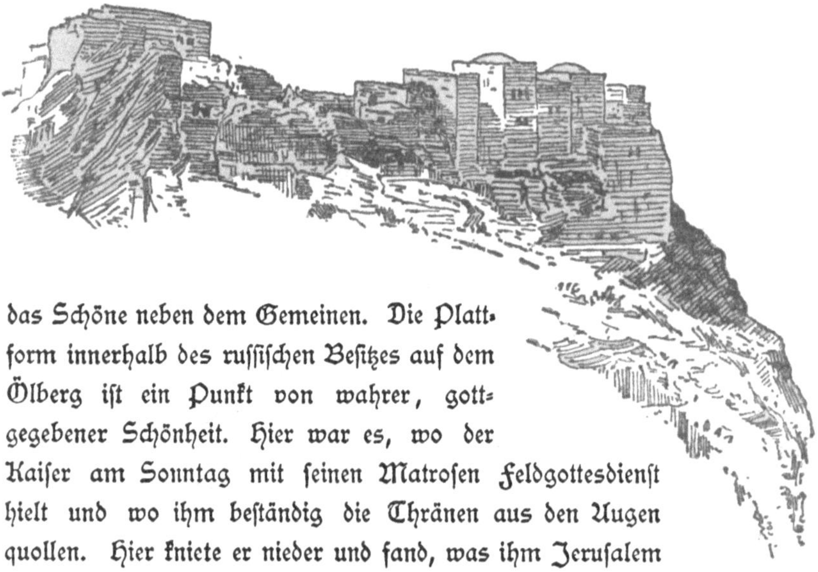

das Schöne neben dem Gemeinen. Die Plattform innerhalb des russischen Besitzes auf dem Ölberg ist ein Punkt von wahrer, gottgegebener Schönheit. Hier war es, wo der Kaiser am Sonntag mit seinen Matrosen Feldgottesdienst hielt und wo ihm beständig die Thränen aus den Augen quollen. Hier kniete er nieder und fand, was ihm Jerusalem nicht bot. Die Landschaft ist wirklich gut. Wir sahen sie bei günstigster Beleuchtung. Zwischen dünnbewachsenen trockenen Hügeln von milden weichen Farben windet sich das Kidronthal zum toten Meer. Vor uns auf flachem Hügel ruht Bethanien. Das tote Meer ist ein silberner Spiegel zwischen bergigen Zacken. Den Hintergrund bildet das immer wieder zur Bewunderung hinreißende einförmige Gebirge Moab. Einige Schritte seitwärts, und wir sehen die Stelle, wo der Jordan sein Süßwasser in das Salzwasser des toten Meeres gießt. Ob wir Jericho sahen oder nicht, blieb uns zweifelhaft. Hier ist in der That eine Stätte, die Gott gemacht hat und die die Menschen noch nicht verderben konnten. Nach langen Vorverhandlungen durften wir auf den russischen Aussichtsturm steigen. Da lag Jerusalem! Mauern, Fenster grau in grau, ein breites Gewühl von menschlichen Hütten. Der Führer erklärt alle Türme und Kuppeln, aber welchen Zweck würde es haben, hier dies alles zu wiederholen! Der Bau der neuen deutsch-evangelischen Kirche ist würdig, aber nicht so architektonisch hervorragend, wie man wünschen möchte. Dem Turm fehlen etwa 10 Meter. Immerhin können

Häuser von Silvah.

wir mit unserem baulichen Auftreten zufrieden sein. Auch von hier aus ist die Omarmoschee das beste Stück der Stadt. Leider!

* *

Im syrischen Waisenhause führten uns der Inspektor Schneller und sein Schwager Bauer. Dieses Haus ist eine geistliche Festung Deutschlands. Es sieht in seinen Schlafsälen, Schulstuben, Arbeitsstätten, Betsaal, Küche nicht viel anders aus, als eine größere Anstalt der inneren Mission bei uns. Es ist eine ausländische Pflanze für Palästina, aber eine gute. In Gemeinschaft mit der Erziehungsanstalt Thalita Kumi und dem ähnlichen neuerbauten Waisenhause in Bethlehem arbeitet diese Anstalt an der Gewinnung eines Stammes christlicher Menschen aus der eingeborenen Bevölkerung. Selbstverständlich ist die Zahl der aus solchen Anstalten hervorgehenden Leute gering im Verhältnis zur Gesamtzahl der Bevölkerung, aber wenn es gelingt, einige hundert Syrer, Araber und Armenier intensiv christlich zu beeinflussen, so ist damit doch etwas Bedeutendes geschehen. Leicht ist die Arbeit nicht. Eine Dame, die lange Jahre in dieser Arbeit steht, sagte uns: werfen Sie einen Feuerstein ins Wasser und warten Sie, bis er sich auflöst; das ist der Versuch, den Syrer ins Christentum zu bringen!

* * *

Über die Bedeutung des deutsch-evangelischen Elementes in Palästina wollen wir später sprechen. Jetzt beabsichtigen wir nur von dem unmittelbaren Eindruck der zwei vom Kaiser besuchten Gottesdienste in Bethlehem und Jerusalem zu sprechen. Er war im ganzen ein vorzüglicher. Die evangelisch-deutsche Kirche in Bethlehem ist in ihrer Art ideal, ein leichter, frischer Bau, ohne architektonische Tiefe, aber wohlgefällig, gut und nett. Aus weißen gotischen Säulen heraus wölbt sich ein blauer Himmel, die

Syrisches Waisenhaus.

Glasfenster dienen der Geschichte Bethlehems, die Orgel ist nicht rauschend, aber gut. Der Kaiser saß mit der Kaiserin am Altarplatz. Wir sangen unsere Choräle. Die Predigt war nicht hervorragend, aber innig und persönlich wahr. Vielleicht wäre es gut gewesen, wenn Bethlehems ganz besondere Bedeutung für alles Christentum stärker hervorgetreten wäre. Mit Herzensbewegung sang man den alten ehrwürdigen Schlußvers: „Lob, Ehr' und Preis sei Gott, dem Vater und dem Sohne und auch dem heiligen Geist." Hier verträgt man gesungene Dogmatik leichter als gesprochene.

Gottesdienst in Bethlehem.

Das Innere der neuen Erlöserkirche in Jerusalem ist bedeutend besser als das Äußere, in seiner Art ist es vollkommen, moderner Kirchenstil mit bescheidenen, aber bestimmten Farben. Wir hatten „Stehplatz rechts", sahen alles gut und konnten uns ganz dem Eindruck der denkwürdigen Feier hingeben. Als der Kaiser in heller Glanzkleidung eintrat, begann die Blasmusik der Marine mit „Tochter Zion, freue dich, jauchze laut, Jerusalem!" Das war ein Lied im höheren Chor. Die Weiherede von Dryander war formvollendet, gedankenreich, tadellos. Besser hätte es der verstorbene Kögel auch nicht machen können. Es war eine Rede im Sinne des Chrysostomus, des Mannes, dem die Bienen den Honig von den Lippen nahmen. Wir sind nicht im Verdacht, dem offiziellen preußischen Kirchentum unnötig Weihrauch zu streuen, aber gerade deshalb können wir getrost versichern, daß hier der Prediger mehr gesprochen hat, als der Hofprediger. Hier stand das evangelische Christentum zwischen allen anderen vorhandenen Formen, und es hat die Probe bestanden. Leider beherzigte der Pastor der deutsch-evangelischen Kirche von Jerusalem die alte Wahrheit nicht, daß Kürze Würze ist. Wenn er nach Schluß seiner vorzüglichen Einleitung ein Ende gemacht hätte, wäre er ein Meister gewesen. Ganz unnötigerweise beschäftigte er die ermüdete Versammlung weitere zwanzig Minuten mit Dogmatik, Allegorie und Reflexion. Wo wie in Jerusalem die Steine schreien, haben die Menschen das Recht, knapp und kurz zu reden. Herrlich war in Jerusalem mit Marinemusik und Orgel „Ein' feste Burg ist unser Gott!“ Selten wohl gab es eine mannigfaltiger zusammengesetzte Versammlung: Kaiser, Kaiserin, Adel, Minister, Kammerherren, Generalsuperintendenten, Konsistorialräte, Popen, türkische Offiziere und Beamte, Johanniter, deutsche Offiziere aller Art, Engländer, Amerikaner, hohe Kirchenhäupter außerdeutscher lutherischer Länder, Vertreter aller deutschen Landesteile und Berufskreise, die evangelische Gemeinde Jerusalem, die deutschen Orientpfarrer, ein Gemisch, wie es nie in Deutschland zusammenkommend, gemeinsam die Knie beugend, sang: Gelobt sei Jesus Christus!

Die Erlöserkirche.

* * *

Was hat der Kaiser in Palästina gewollt? Es ist offenbar, daß er in erster Linie seinem persönlichen religiösen Bedürfnis genügen will. Wer Gelegenheit hatte, den Kaiser in seiner religiösen Ergriffenheit zu beobachten, fühlte es, wie er dem Leben der Hast und Unruhe und der politischen Verantwortung auf kurze Tage entflohen ist, um in Jerusalem Christ, nur Christ zu sein. Seine Zeiteinteilung entsprach diesem Gesichtspunkte. Er ließ sich von einer religiösen Stätte zur andern bringen, dazwischen schuf er sich Gelegenheiten zu religiöser Aussprache. Die Ansprachen, die er hielt, waren unpolitische, evangelische Glaubensbekenntnisse. Unsere Leser werden den Wortlaut dieser Reden in den Zeitungen gefunden haben, ehe unsere Darstellung die Heimat erreicht. Die erste dieser Ansprachen, diejenige an die deutsch-evangelischen Orientgeistlichen in Bethlehem, war allerdings in negativem Sinne politisch wichtig, indem sie jeden Wunsch, etwas vom osmanischen Besitz zu erlangen, bestimmt verneinte. Im übrigen war ihr Grundton derselbe, den die merkwürdige

Kaiserrede in der Erlöserkirche besaß: praktisches, undogmatisches Christentum im Sinn und Geist unseres Herrn und Heilandes Jesu Christi inmitten der muhamedanischen Welt. Wer die Kaiserrede in der Erlöserkirche gehört hat, denkt nicht nur an ihren Wortlaut, sondern auch an die ganze eigentümliche Situation. Der Gottesdienst war zu Ende, nach allen Seiten hin schob sich die Festgemeinde durcheinander, lautes Gesurr erfüllte die Halle, da tönte plötzlich vom Altar her die scharfe, aber für den Raum nicht ganz ausreichende Stimme des Kaisers. Alles drängte dem Altar zu. Der Kaiser las etwas Selbstgeschriebenes. Er las, ohne die Hörer anzusehen, gleichsam für sich allein. Als er zu Ende war, wandte er sich um und hielt am Altar, dem Kreuze zugewendet, ein stilles Gebet. Das war seine Pilgerandacht. Der Wortlaut dessen, was er las, erinnerte stellenweise an die Art der hinterlassenen Bekenntnisse Wilhelms I. Direkten Bezug nahm er auf das Wort Friedrich Wilhelms IV: Ich und mein Haus, wir wollen dem Herrn dienen. Offen gesagt, wir würden noch lieber zugehört haben, wenn der Geist Friedrich Wilhelms IV. nicht gerufen worden wäre. Wir brauchen einen Kaiser, der fromm ist bis in die Knochen, aber uns würde bang sein, sobald das Religiöse im engeren Sinne die politische Leistungskraft auch nur im geringsten berühren würde. Der Gottesdienst der Könige ist eine große, weitschauende, gerechte und straffe Politik. In diesem Sinne war Karl der Große gottesfürchtiger als Ludwig der Fromme.

Ein religiöser Akt von politischer Bedeutung war die Überlassung des Landgebietes Zönakulum an den in Köln sitzenden Palästinaverein deutscher Katholiken. Unseres Wissens ist dies der erste Versuch, deutsche Katholiken im Orient als Deutsche zu organisieren. Bis jetzt liegt es so, daß die zahlreichen katholischen Auswanderer aus Süd- und Westdeutschland meist im Orient an vorhandene katholische Kirchen und Schulen sich anschließen und dadurch zwar katholisch bleiben, aber dem Deutschtum verloren gehen. Auf diese Weise haben wir schon die schwersten Blutverluste erlitten. Gelingt es, in Jerusalem, Alexandrien, Smyrna, Konstantinopel deutsche katholische Gemeinden zu bilden, so wird damit dem kirchlichen und dem staatlichen Interesse zugleich gedient. Schon jetzt sind übrigens unter den

Franziskanern Jerusalems nicht wenige Deutsche. Einen freundlichen, sehr gebildeten Pater aus Köln fragten wir: Gehören Sie zu einer deutschen Kongregation? Antwort: Nein, Herr, zu einer internationalen! Derartige vorzügliche Elemente müssen antworten lernen: pro patria et papa. Da wir Deutschen einmal aus zwei Konfessionen bestehen, können wir nicht anders als auch draußen in der Fremde die Konsequenzen dieses Zustandes zu ziehen.

Indem der Kaiser das den deutschen Katholiken gegebene Gebiet in seinem Besitz behält und es ihnen nur zur Nutznießung überläßt, ein Verhältnis, das während der Übergabe durch Anfrage des Priors extra festgestellt wurde, übernimmt der Kaiser an dieser Stelle ein persönliches Protektorat über eine katholische Besitzung. Auf diese Weise beginnt praktisch an einer Stelle eine neue Regelung der viel erörterten Angelegenheit des französischen Einflusses. Sicher ist, daß wir auf dem besten Wege sind, diesen Einfluß langsam zurückzudrängen. Je mehr wir den deutschen Katholiken Stützpunkte geben, desto eher werden wir sie der französischen Bevormundung entziehen. Anzuerkennen ist dabei, daß viele französische Anstalten durchaus gut geleitet sind. Wer schließlich geeignet ist, den Orient zu gewinnen, Evangelische oder Katholische, muß sich in langer schwerer Praxis zeigen. Wir glauben auch in diesem Fall an die Kraft unserer Konfession.

* * *

Ganz abgesehen von allem, was er sagt und thut, ist das Auftreten unseres Kaisers in Jerusalem ein politischer Vorgang. Der Sultan der Germanen imponiert dem Morgenländer mächtig. Ich saß mit einem lateinischen Christen aus Nazareth zusammen, schenkte ihm ein Glas Pilsener Bier ein, das von Gregory in Berlin gebraut ist, und fragte: Was sagt man vom Kaiser? O, er ist stark, er ist schön, er ist ein großer Mann! Von der Kaiserin wollte er leider weniger wissen. Wahrscheinlich fehlte ihr etwas orientalischer Anhauch. In unseren deutschen Augen war sie in Jerusalem ebenso anmutig wie sonst stets. Der Kaiser ritt mit der Kaiserin

zusammen ein, später saß er meist zu Pferde, sie im vierspännigen Wagen. Die Uniformen des Kaisers wechselten, rechneten aber immer mit den Bedürfnissen des Klimas und mit dem berechtigten Wunsch des Morgenländers, etwas Glanz zu sehen. Nicht ganz ausreichend erschien die kaiserliche Begleitung beim offiziellen Einzug, bei dem die Matrosen und ihre Musik noch fehlten, später aber war alles, wie man es sich wünschen konnte, wenn man sich in die Seele des tausendköpfigen, schaulustigen Volkes versetzte: türkische Soldaten, etwas schlapp im Eindruck, türkische Militärmusik, schreiend, Wagnersche Dissonanzen überbietend, deutsche Reiter, der Kaiser, die Hofwagen, das Gefolge, darunter teilweis die ehrwürdigen, sorgengefurchten Gesichter der deutschen Konsistorialräte, türkische Beamte mit Fez und Orden, Johanniter, Popen, allerlei Herren, deutsche Marinemusik mit Pauken, Trompeten, Marinesoldaten mit aufgepflanztem Bajonett. Es war ein Tamtam, das in Berlin ganz so nicht möglich gewesen wäre, hier aber allein richtig war. Man erinnert sich vielleicht des Gemäldes von Gentz in der Nationalgalerie, das den Einzug des Kronprinzen Friedrich Wilhelm in Jerusalem darstellt. Derselbe blaue Himmel liegt über den blendend hellen Mauern, Minarets und weißgekleideten Türkenweibern. Auf allen Dächern hocken sie, an allen Vorsprüngen kleben Menschen, aus allen Gittern gucken Gesichter, aus allen Ritzen blitzen Augen, kein Steinhaufen, der nicht von bunten, reinlichen und schmutzigen Männern, Weibern und Kindern besetzt wäre, kein Kaufladen, der nicht zwischen Limonen und Tomaten Kinderköpfe enthielte. So war es um die Erlöserkirche herum und ebenso um die Geburtskirche und Bethlehem.

Einzug des Kaisers.

Besonders in Bethlehem war das Volksbild großartig, als das Kaiserpaar zu Fuß durch die Feze und Turbane ging, und die Kaiserin einige französische Worte mit einheimischen Frauen sprach. Anfangs waren die Türken etwas schüchtern im Hochrufen. Wann haben sie auch Gelegenheit zu Ovationen, da sie den Staat nur in Gestalt fragwürdiger Beamten kennen? Ein Sultan ist seit Jahrhunderten nicht in Jerusalem gewesen. Napoleon und Ibrahim Pascha sind lange vergessen. Erst riefen die Deutschen da und dort mit hochgehobenen Hüten und schwebenden Tüchern hoch und hurra. Allmählich gewöhnten sich die Araber und Türken mitzurufen. Was sie gebrüllt haben, ist uns unklar geblieben, aber den Sinn verstanden wir: Es lebe Wilhelm, der Freund des Padischah! An vielen Häusern sah man drei Bilder: Kaiser und Kaiserin und zwischen ihnen im roten Fez der kranke Mann von Konstantinopel. Eine merkwürdige Zusammenstellung: der Adler und der Halbmond. Es ist wahr, daß die Geschichte eine Würflerin ist. Sie schüttelt ihre Steine, lacht und wirft eine Kombination auf den Tisch, die ihre Unerschöpflichkeit spielend beweist.

* *
*

An einem Abend hatten die Deutschen Jerusalems uns eingeladen. Es war die Ortsgruppe des Alldeutschen Verbandes, die den Andachtssaal der Templergemeinde mit deutschen Fahnen geschmückt und zum nationalen Festraum umgewandelt hatte. Kennen Sie eigentlich die Templer? Vor mehr als 30 Jahren wanderten unter Führung eines begabten, eigenartigen und wohl auch eigenwilligen Theologen Hofmann treue, tiefgläubige Württemberger aus, um in Palästina das „Reich Gottes zu bauen". Welche Schwierigkeiten, Streite und Leiden diese Schar von Kreuzfahrern mit Pflug und Bibel erlebt haben, kann hier nicht erzählt werden. Es finden sich unter ihnen, wie in allen derartigen Gruppen, verschiedene Richtungen, doch scheinen die alten Reibungen augenblicklich glücklich überwunden. Unter allen Umständen müssen die Templer als der Kern der evangelischen Deutschen in Palästina gelten. Ihre Kolonien am Karmel, in Jaffa und Sarona sind ein lebendiger Beweis davon, was deutscher

Fleiß auch mit bescheidenen Mitteln im Orient erreichen kann. Glauben muß man, dann wird etwas. Die Haupterzeugnisse dieser Deutschen sind Weizen und Wein. Man sagt, daß sich im Laufe der Zeit der Wert ihrer Anlagen verzehnfacht hat. Sie würden gern ihre Thätigkeit weiter ausdehnen, wenn es nicht endlose Rechtsschwierigkeiten und einen schwer zu beseitigenden Mangel an Kapital gäbe. Die Rechtsschwierigkeiten haben in dem türkischen Wesen ihren Grund. Endlich nach langem Bitten und Warten sind die Grundbesitzverhältnisse einigermaßen geregelt. Man hat festere Grundsätze für die Besteuerung der deutschen Kolonien gewonnen. Die deutschen Gemeinden sind selbständige Korporationen. Eins aber fehlt vollkommen: ein zuverlässiges Hypothekenrecht. Wer also Geld braucht, muß es unmäßig teuer bezahlen. Ein wohlbegüterter, ansässiger Deutscher in Jerusalem sagte uns: Ich zahle beim Credit Lyonnais 9 pCt. und erhalte für mein Geld, das dort liegt, 6 pCt.; wer aber von den Landleuten Geld braucht, zahlt 12 bis 15 pCt. Diese Zahlen sprechen für sich selbst und sagen uns, daß finanziell Jerusalem weiter von London entfernt ist, als San Franzisko. Es giebt eine deutsche Palästinabank, aber sie befaßt sich gar nicht mit Landbeleihungen. Erst dann, wenn es für deutsche Kolonisten ein deutsches Separatrecht giebt, kann diese Grundschwierigkeit der weiteren deutschen Entwicklung gehoben werden. Ob aber jemals dieses Ideal erreicht wird, ist leider zweifelhaft. Inzwischen müssen unsere Konsuln durch festes Eintreten in jedem einzelnen Fall das Beste thun, wie es Konsul Schmidt in Jaffa thut. Von ihm reden die Bauern mit Thränen in den Augen, und ein Zionist sagte mir: Wenn die Juden diesen Konsul hätten, würden sie ihn wie einen Gott verehren! Leider nur sind nicht alle Konsuln von dieser Art. Überall, wo wir Deutsche sprachen, war man traurig über das Verhalten des jetzigen deutschen Vertreters in Jerusalem. Wir würden über diesen peinlichen Punkt nicht schreiben, wenn wir nicht bei Bauern, Handwerkern und Kaufleuten in dieser Hinsicht nur einer Stimme begegnet wären. Gesellschaftlich kümmert sich unser Konsul in Jerusalem gar nicht um die deutsche Kolonie. Welcher Gegensatz gegen Jaffa und Konstantinopel! Es würde gut sein, wenn ein Reichstagsabgeordneter die Verhältnisse unserer Vertretung in Jerusalem besonders studierte und im nächsten Jahre beim Haushaltplan zur Sprache brächte.

* * *

In gewissem Sinn sind die jüdischen Kolonien in Palästina den Templerkolonien verwandt. Auch sie arbeiten in Getreide und Wein, und die Schwierigkeiten des Rechtszustandes und der Kapitalzufuhr sind ähnliche. Eine genauere Auskunft über diesen Teil der Bewohner des heiligen Landes erhielten wir dadurch, daß unser Schiff „Asia" zwischen Konstantinopel und Beirut auch Raum für eine kleine israelitische Reisegesellschaft hatte. An einem lauen Abend saßen Jude und Christ auf Deck zusammen und redeten über eine israelitische Pilgerfahrt nach Jerusalem, die den Zweck hatte, neue Einblicke in die Entwicklung des palästinensischen Judentums zu erhalten. Der Zionist hatte das Wort und sagte etwa folgendes: Das Judentum ist an sich keine Religion, sondern ein nationales Geistesleben. Religionen sind Christentum, Muhamedanismus, Buddhismus. Dieses sind geistige Systeme, denen Blut und Stamm gleichgiltig sind. Erst durch die Konkurrenz des katholischen Christentums kamen die Juden dazu, ihre heilige Überlieferung auch für ein religiöses System zu halten. Im Grunde ist es gleichgiltig, ob der einzelne Israelit religiös orthodox ist oder nicht, es kommt nur darauf an, ob er den angeborenen Nationalsinn seines Volkes weckt und pflegt. Nie soll er glauben, ein stammesechter Deutscher oder Engländer werden zu können, er versucht es vergeblich und verliert damit seine eigenen Eigentümlichkeiten. Er ist Fremdling unter den Völkern und wird es bleiben, und weil dieses sein Schicksal ist, so muß er sich seinem Schicksal entsprechend ein erfüllbares jüdisch-nationales Ideal bilden. Als solches ist ein politisch selbständiger Judenstaat in absehbarer Zeit nicht anzusehen, aber national-jüdische Kultur ist zu pflegen durch Wohlfahrtsübung an ärmeren Volksgenossen, Stärkung des jüdisch geschichtlichen Denkens und insbesondere Hebung der palästinensischen Tradition. Was jetzt in Palästina an Judentum vorhanden ist, ist schwach und leidend. Die landwirtschaftlichen Kolonien sind Anfänge, die Masse der palästinensischen

Juden aber sitzt in Jerusalem in erschreckender Armut. Diese ärmsten Juden müssen zu Landbewohnern gemacht werden.

In Erinnerung an dieses Abendgespräch gingen wir in Jerusalem in das Judenquartier, einen Aufenthalt von 25000 bis 30000 Menschen. Wovon leben sie? Die alte Frage, deren sich der Leser von Athen her erinnert, kam mit neuer Kraft, als wir diese „Luftmenschen", dieses blasse, durchsichtige Menschengeschlecht sahen. Enge und engste Wohnungen, altes Gemäuer, Ruinen, Thorwege, dazwischen zahllose Handwerker mit wenig Brot und Arbeit. Die meisten dieser Juden sehen nach unseren Begriffen nicht jüdisch aus, vom größeren Geschäft verstehen sie nichts, sie sind, wie uns gesagt wurde, keine Gauner, weil sie zu ungebildet sind. Mit gierigem Blick sehen sie nach den Almosen, die von den Tischen der reichen Glaubensgenossen im Abendlande fallen. Der Ärmste meidet den Armen. Wer zur deutschen jüdischen Gemeinde gehört, ist glücklich. Es ist ein Chaos von schreiendem Elend und entsittlichender Bettelwirtschaft. In diesem Chaos Ordnung zu machen, ist eine der Aufgaben des Zionismus. Ob es gelingt? Ein jüdischer Herkules gehört an diese Stelle.

* * *

Wem wird Jerusalem gehören? Ein erfahrener deutscher Jerusalembewohner gab auf diese Frage die Antwort: Judenstadt! Andere urteilen anders. Es giebt Evangelische, die an eine religiöse Eroberung der heiligen Stadt für das Evangelium in seiner schlichtesten und wahren Gestalt glauben. Jesus soll noch einmal einziehen. Von der Via dolorosa her soll sich sein Bild mit der Dornenkrone erheben, wo jetzt über dem Tempelberg der Halbmond ragt, sollen Kreuze stehen zur Erinnerung an das einmalige Opfer, durch das alle alten Opfer überflüssig gemacht sind, vom Ölberg soll der Auferstandene seine innerlich auferstandene Heimat grüßen, das schlummernde Geheimnis soll den Schutt durchbrechen. „Zion hört die Wächter singen, das Herz will ihr vor Freude springen, sie wachet und steht eilend auf." In jedem Jahr führt ihr Lebensgang etliche Christen nach Jerusalem, die dem Jerusalem dienen wollen, das erst kommen soll.

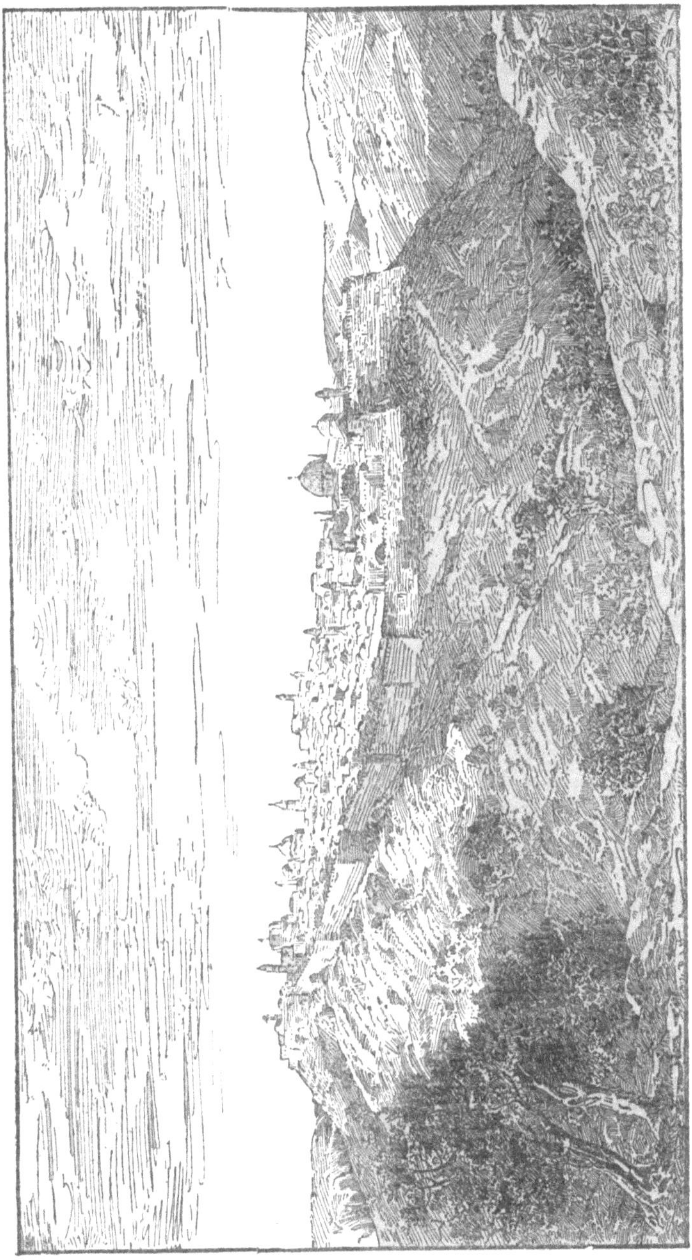

Jerusalem von der Südseite.

So kamen die ersten Krischonabrüder von Basel daher, in diesem Sinn warb auch der auf der Fahrt jetzt heimgegangene Kober für Zion. Engländer, Schotten, Amerikaner verschiedener Art kommen in derselben Weise. Es sind Menschen, die durch die Wüste gehen und machen daselbst Brunnen. Gott segne euch, die ihr am Berge Gottes grabt! Ob ihr die Stadt gewinnt, steht ja dahin, aber umsonst ist keine Liebe und Treue. Auch wir Evangelische brauchen in Jerusalem Leute, die unsere Heiligtümer hüten. Wir geben ihnen kein heiliges Grab zu verwahren, aber ein lebendiges Bekenntnis: Herr, wohin sollen wir gehen? du hast Worte des ewigen Lebens und wir haben geglaubt und erkannt, daß du bist Christus, der Sohn des lebendigen Gottes.

* * *

Leider ist uns der Abschied von Jerusalem nicht schwer geworden. Es wäre uns viel lieber gewesen, wenn gerade diese Stadt unsere Seele gefangen genommen hätte. Vielleicht ist ein längerer Aufenthalt nötig, vielleicht auch ist die Ruhe der kaiserlosen Zeit innerer Vertiefung günstiger, vielleicht sind deutsche Seelen bei geringerer Hitze empfänglicher. Wir wollen niemand abschrecken, müssen aber von uns sagen, daß wir genug vom Staube Jerusalems hatten, als die Bahn mit uns bergabwärts nach Jaffa fuhr. Es war, als wäre ein Druck von uns genommen. In Jerusalem hatte man Religion finden sollen und fand sie nicht. Jetzt kam man wieder an Orte, von denen nichts Größeres verlangt wurde, als daß sie schön und interessant waren. Auf, lasset uns nach Afrika fahren! Im Abenddunkel strichen wir durch Jaffa. Am Hafen war ein Muhamedanergebrüll, das wohl imstande wäre, auch die größte Brandung dieser gefährlichen Küste zu übertönen. Uns aber grüßte das Meer nicht unfreundlich. An der Seite der deutschen Kaiserschiffe lag draußen unsere „Asia". Man verpackte uns in großen schwankenden Kähnen. Die Ängstlichen befahlen Gott ihre Seele. Auf und ab schwebte der Kiel, singende Araber warfen lange Ruder in die schwarzen schimmernden Wogen, der Leuchtturm wechselte minutenweis sein Licht, ehe wir's wußten, waren die Klippen vorbei. Halb gesprungen, halb geworfen kam man auf das Schiff. Willkommen „Asia“, Asien leb' wohl!

* * *

Zu den erquickendsten Erinnerungen gehören unsere ersten Stunden in Afrika. In Port Said kam die Kultur wieder. Wir wußten nicht, was uns in Palästina gefehlt hatte, bis wir die modernen Straßen von Port Said sahen. Es ist fleckige, schäbige, gehaltlose Kultur, die sich in diesem stetig wachsenden Nordhafen des Suezkanales bietet, aber so ist der Mensch: er liebt das Gewohnte: Straßenpflaster, Trottoir, europäische Kaufläden, Beleuchtungsanlagen u. dergl. Mit reitlustiger Jugend machte ich einen fröhlichen Ritt am langen Strande. Das ist ein Badestrand, besser als in Heringsdorf: Die Wellen kamen und gingen, lustig, locker, wie wenn der Wind mit weichen Haaren spielt. Das Mittelmeer schien dazu da, um braune, kleine Araberkinder zu beglücken, die mit und ohne Tuch und Schleier in dem zischenden, sprudelnden Naß ihre glänzende Haut dem Wasser und der Sonne boten. Der Luftzug vom Meere war nach den zwei palästinensischen Wochen wie Ambrosia. Wir sahen den Dreck des Araberviertels von Port Said kaum, weil wir zu sehr mit unserer eigenen Neubelebung beschäftigt waren. Die Esel wurden schließlich dem Chef der Esel zurückgegeben. Auf die Frage: Bist du der große Esel? antwortete er würdevoll: Bin ich! Das hinderte ihn aber nicht, von unserer Gruppe 20 Frank zu nehmen. Einzelne gingen dann nochmals an den Strand und legten ihre Glieder in das Wasser. So wuschen sich die Pilger vom Staube der Gebirge Juda.

* * *

Die Eisenbahn von Port Said bis Jsmailiye schleicht neben dem trägen Wasser des Suezkanales hin, um dann in das fruchtbare Nildelta

Port Said.

einzubiegen. Wir sahen Blitz und dunkle Wolken in der Gegend des Sinai. Bei Elkantara zeigte sich die uralte Karawanenstraße, auf der Abraham, Jakob, Joseph, Nebukadnezar, Alexander, Pompejus, Napoleon zogen. Manches gute Wort fiel uns ein, was hier unser verstorbener Generalpostmeister Stephan bei Gelegenheit der Einweihung des Suezkanals schrieb. Es war doch eine andere Zeit, als Kaiserin Eugenie hier ihr Hoflager hielt! Wo ist heute Frankreichs Macht? Ganz Ägypten spricht in seinen gebildeten Kreisen noch französisch, aber die Kanonen von Sedan haben auch hier gewirkt, leider nur zu Gunsten Englands. Eben gleitet dort ein großer weißer Indienfahrer durch den Kanal. Hier passieren auch unsere subventionierten Dampfer. Auch wir sind an der Frage beteiligt, wem im Kriegsfall Suez gehört. Sollte einmal Rußland mit England kämpfen, sollte dann Deutschland mit Frankreich zusammen auf russischer Seite stehen, dann werden wir auf Telegramme von Suez warten, wie im Jahre 1870 auf Telegramme aus den Vogesen. England weiß, was es thut, wenn es Gibraltar, Malta, Cypern, Alexandria, Aden besetzt hält. Um diese Straße muß noch scharf geschossen werden, trotz Bertha von Suttner.

* * *

Das Wohlsein der Gesellschaft am ersten Abend in Kairo läßt sich schwer beschreiben. Man freute sich über die kleinsten Dinge. Ach, sehen Sie doch den reizenden Korbstuhl unter der Palme! Wie ist Ihr Zimmer? Nicht wahr, vortrefflich? Bitte, noch eine Tasse Thee! Solchen Thee haben wir auf der ganzen Reise noch nicht gehabt. Wie elegant der ägyptische Kronleuchter ist! Bitte, noch etwas vom Geflügel! Endlich, so spricht ein jüngerer Vertreter des Handelsstandes, sind wir in einer unser würdigen Weise untergebracht! Ich begreife jetzt, spricht eine Pfarrerstimme, weshalb sich die Juden auf dem Marsche zum Lande Palästina nach den Fleischtöpfen Ägyptens sehnten. Was vergangen ist, ist vergangen. Vergessen ist der Zusatz von Seewasser im Wein von Tiberias, vergessen sind die harten, schweren Eier von Dscholan, es lebe die moderne Kultur im

6*

Citadelle von Kairo und Mukattamberge.

Hotel Continental von Kairo! Alles schlief gut, wachte befriedigt auf, trank guten Kaffee und setzte sich in gute Wagen.

* * *

Kairo, die größte Stadt Afrikas, verdient ernsteste Aufmerksamkeit. Nicht, als ob sie mit Konstantinopel verglichen werden könnte. Der Bosporus ist mehr als der Nil, die Hagia Sophia mehr als die Alabastermoschee, der Sultan immer noch mehr als der Khedive. Den überwältigenden tiefen Eindruck, den Konstantinopel auf uns gemacht hat, haben wir nicht wieder empfunden. Auch ist Kairo weniger einheitlich. Es hat alte Viertel, die etwas ganz anderes sind als die völlig modernen, europäischen Straßen des eleganten Quartiers. Das Neue ist hier moderner und das Alte abgelebter. Die Hauptstadt entspricht der Geschichte ihres Landes, des Versuchsfeldes für Kulturplantagen auf uraltem Nilschlamm. Dazu kommt, daß sie in hohem Grade eine Fremdenstadt ist. Hotel steht an Hotel, gewaltige Bauten, in denen sich Weltreisende aller Nationen von den Strapazen des Tropenaufenthaltes erholen, wo die Nilreisenden sich für die Fahrt zu den Katarakten rüsten, wo Kranke schlafen, die in der Wüstenluft von Heluan Heilung suchen, und wo Jerusalempilger noch einige Tage verbringen, ehe sie zur Heimfahrt ihre Anker lichten.

* * *

Draußen vor dem Thore von Kairo wohnen die armen Leute, in Bulak und sonst an den Rändern der neuägyptischen Civilisation. Man denkt zu wissen, was Armut ist, wenn man die alten Stadtteile der deutschen Großstädte oder sächsisch-thüringische Hausindustrie kennt. Hier sieht man etwas anderes, vielleicht weniger drückendes, aber viel, viel tiefer stehendes. Wie soll man diese Löcher beschreiben? Frauen und Kinder kugeln sich im schwarzen Staub vor steinernen Thüren ohne Thürflügel, durch welche man in ein dunkles Gemisch von Lappen, Töpfen, Brettern und Hühnern sieht. Alles ist zerrissen, zerbrochen, jammervoll, dreckig. Vor der Thür hält eine Mutter eine kleine Jagd im schwarzbuschigen Haarwald ihrer bereits wieder Mutter gewordenen jungen Tochter. Menschen und Esel baden sich in braunen Pfützen und lassen sich samt ihrer so gewaschenen Kleidung von der Sonne schnell wieder trocknen. Die Sonne ist ihre Trösterin. Wer eine tiefe, grübelnde Schwermut in dieser Armut sucht, wird sich voraussichtlich sehr täuschen: stumpfsinnig, faul, zänkisch, sinnlich, aber nicht unglücklich, so erscheinen diese Menschen dem Beobachter. Ob sie glücklicher werden, wenn die Kultur die Zipfel ihrer schmutzigen Kleider anfaßt? Wohl kaum! Aber das Glück des Einzelnen ist ja gar nicht der entscheidende Gesichtspunkt. Selbst auf die Gefahr hin, sie unglücklicher zu machen, muß der neuägyptische Staat diese Menschen kulturell heben, denn auf dem Grunde einer verwahrlosten Masse kann kein gesundes Gemeinwesen sich aufbauen, eine Lehre der Geschichte, die an der Saar ebenso richtig ist wie am Nil.

* * *

Einen Blick auf den Markt von Bulak: Auf dem Nil ein Wald von Masten jener eigentümlichen ägyptischen Schiffe, die der Leser aus Bildern kennt und die man Dahabiye nennt. Um die Schiffe herum ein Holzlager. Holz ist hier teuer und wird nach Gewicht verkauft. An einzelnen Stellen klappern die Hämmer ägyptischer Metallarbeiter; kräftige Gestalten. In blauen Arbeitshemden lagern Straßenpflasterer auf der Schattenseite der brennend beleuchteten Straße. Der Markt ist ein ungepflasterter, nach unseren Begriffen sehr wenig sauberer Platz von dunkler Erde. Alles ist auf dieser Erde ausgebreitet: Thonwaren, Messer, Früchte, Schuhe, Fische, geschlachtete Hammel, Zwiebeln, Körbe, Seife, orientalische Matten, europäischer Kattun, Blechbüchsen, kuchenartiges Brot. Als Verkäuferinnen dienen meist Weiber, die mehr knochig als anmutig aussehen. Alles geht mit Gebrüll vor sich. Mitten auf dem Markt vollziehen einige Araber Handlungen, die selbst der ungebildetste Europäer nicht auf den Obstmarkt

verlegt. Sehen muß man diese Volksszene einmal, aber kaufen kann man hier nichts, nicht eine Banane. Ähnlich steht es mit dem Araberfest nahe am Bahnhof. Für uns ist es kein Vergnügen, aber gesehen will es sein. Umdrängt von schreiendem Volk in Turban, Fez und tausenderlei sonstigem Kostüm arbeitet man sich von Zelt zu Zelt, bis man froh ist, der Gefährdung entrinnen zu können. Alle wollen natürlich etwas verkaufen oder Bakschisch haben. Bauchtänzerinnen suchen sich angenehm zu machen, Derwische springen oder heulen, Männer und Weiber schaukeln hoch in den tiefblauen Himmel hinein, Ketten, Obst, Zucker werden an den Mann gebracht. Mitten im Getriebe steht der Cirkus, in den wir abends gingen, um bis nachts 11 Uhr todmüde auf den Anfang der Vorstellung zu warten. Als diese dann mit schreiender Türkenmusik begann, waren es gute, aber nicht absonderliche Akrobatenleistungen, die wir sahen.

* * *

Für einen Maler muß Kairo eine Stadt des Entzückens sein, und unsere Kunstausstellungen zeigen ja auch, wie sehr die Vorliebe der Künstler für das Pharaonenland zunimmt. Ein Schriftsteller ist schlecht daran, wenn er mit Worten den Geist der ägyptischen Landschaft beschreiben soll. Das beste ist sehr zart, nämlich das Vorherrschen eines weißen Thones, der nicht Kalkfarbe ist wie in Palästina. Vielleicht hat Ägypten auch

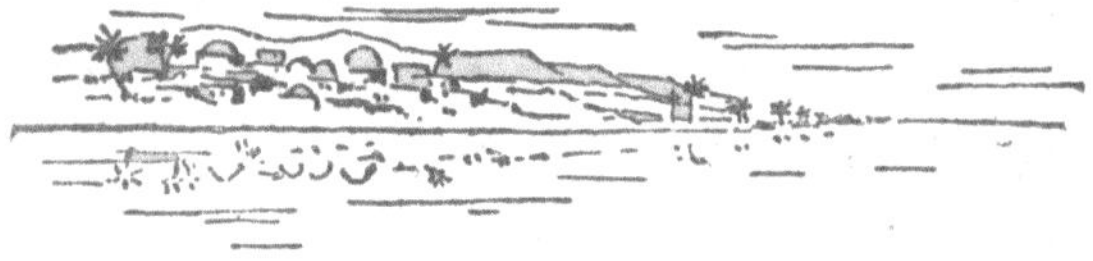

Zeilen, wo es leuchtendes Gelb und Grün besitzt. Nach manchen Bildern möchten wir es vermuten, jetzt aber im November fehlt die Farbe der Citronen. Das Grün, das uns beschattet, ist ein tiefes, blaugraues Grün, das von der Ferne gesehen fast schwarz wird. Himmel und Wasser bestehen aus blau und weiß, nur giebt es Striche, wo das Wasser einen braunen, gesättigten Chokoladenton bietet. In den Wellen dieser Chokolade schaukelt sich dann die blasse, grelle Sonne. Der Ölbaum ist ganz oder beinah ganz verschwunden, die Banane streckt ihre langen Blatthände über die Gartenmauern heraus, Gartenfrüchte gedeihen in verwunderlicher Fülle, alles andere Pflanzenleben aber wird von der Palme übermächtigt. Die Palme ist die Königin von Kairo und Memphis. Wie schwarze Sterne hängen die Palmen am Horizont, wie hundertfingrige Masten breiten sie ihr Takelwerk über uns aus. Schon in Oberitalien sieht man Palmen, in Syrien sind sie bereits einheimisch, aber hier erst finden wir Palmenwälder. Es ist zwar ein eigentümliches Ding, das deutsche Wort „Wald“ in diesem Zusammenhang anzuwenden. Im Walde schlummert soviel heimatliche Traulichkeit, daß man sich scheut, denselben Klang für die Ansammlung hoher blattloser Stämme mit prunkenden Kronen zu brauchen. Immerhin, Wald oder nicht, die Regimenter von Nilpalmen, die wir auf der Fahrt nach Memphis sahen, gehören zum sehenswertesten der ganzen Reise. Wir saßen auf einem Nildampfer und ließen Palme an Palme, Zuckerplantage, Steinbrüche, Fellachenorte, helle große Dahabiyensegel an uns vorbeigleiten, bis wir in Bedraschen landeten, die Esel bestiegen und nun auf Wallwegen durch die Überschwemmung hindurch unter Palmen nach dem Rande der Wüste ritten. Das also war die Wüste! Es war nur der Saum ihres Riesenkleides, aber es war doch die Wüste selbst, das endlose Ungeheuer, das Sandgespenst inmitten der Menschenwelt. Wir ahnten, daß die Wüste von grandioser, hinreißender Schönheit sein kann, aber um diese Schönheit ganz zu empfinden, muß man länger im Gebiet des trockenen Sandes leben. Wir haben die Sonne in der Wüste weder aufgehen noch untergehen sehen. Das Schlafengehen der Stille haben wir nicht erlebt. Trotzdem aber hat sie uns angemutet wie eine alte graue menschliche Größe, der man vorgestellt wird, ohne daß sie es der Mühe wert hält, mehr als einige Silben mit uns zu reden.

* * *

Auf die Pyramide von Gizeh sind wir nicht geklettert, sahen aber die leichtere Hälfte unserer Gesellschaft auf den hohen steinernen Stufen bis zur schwindelnden Höhe klimmen. Ein toller Lärm! Die Beduinen, die den Fremden umschwirren, sind eine orientalische Rasselbande, nicht viel weniger schlimm als diejenigen, die wir zur Ausstellung in Berlin hatten. Baron, gut, pyramidal, kolossal, schneidig, Bakschisch, ist etwa ihr deutscher Sprachschatz. Einige von ihnen kann man ohne Reitgerte kaum los werden. Wunderbar ist nur, daß die Pyramide selbst in ihrem gedämpften roten Glanz nichts durch allen den Kleinkram verliert, der an ihr brandet. Es ist alte geborene Majestät in diesen Steinen, eine Majestät, die der erste Napoleon seinen Soldaten gegenüber in die bekannten Worte faßte: „Viertausend Jahre blicken auf euch herab." In der That, am Fuß der Pyramide sitzt gleichsam die Geschichte selbst und sagt: Menschenkind, du kommst und gehst, ich aber bleibe! Hier schliefen Könige, nicht Volkskönige, wie die Gegenwart sie fordert, sondern Despoten über Sklavenvölker, deren Ruhe einen Sarkophag brauchte, zu dem man Berge brechen und in die Wüste tragen mußte. Kameele standen unten an den Stufen der Pyramide und einmal wenigstens konnte hier der Abendländer auf kurze Zeit das Schiff der Wüste besteigen. Etwas schwankend geht es aufwärts, wenn das steife geduldige Vieh seine Kniee reckt, aber dann merkt man, daß es nicht übel ist, so hoch zu reiten. Wir ritten den kurzen Weg zur Sphinx hinüber, stiegen dort ab, gingen in den unterirdischen Tempel von Granit, ließen die Wucht altägyptische steile, hartkantige Größe auf uns wirken, und es war, als ob wir selbst an der Pforte des Totesreiches angelangt wären, an der Grenze einer Menschenzeit, deren Seelen weit, weit im Weltraum verschwunden waren, ehe wir das Licht erblickten. Verstärkt wurde dieser Eindruck im Grabe des Ti bei Memphis und vor allem in dem vom Wüstensand umhüllten Grabgang der heiligen Stiere. Man geht, ein Wachslicht in der Hand, einen breiten, heißen Kellergang entlang, und rechts und links öffnen sich tiefdunkle Felsengruben, in denen kolossale polierte Steinsärge von Ochsen stehen. War das Religion, was diese Särge baute? Oder wie soll man dieses für uns versunkene grandiose Gefühl nennen, das im dumpfen Echo dieses Kellers nachklingt? Welche Linie

Pyramiden.

Stufenpyramide von Sakkarah bei Nilüberschwemmung.

geht von diesen Stieren bis zu unserem Glauben? Eine Station dieser Linie ist das goldene Kalb der Israeliten, der Gegner Jehovas im Thal am Sinai. Aus diesen dunklen Tiefen heraus quillt ein Empfindungsleben, ganz unmodern, hart wie alte ägyptische Rinder, und doch nicht spurlos verschwunden. Gerade in den Tiefen Ägyptens, nicht in seinem Palmenschmuck, unter dem Sande von Memphis, dachten wir an das geheimnisvolle, vieldeutige Wort der Bibel: „Aus Ägypten habe ich meinen Sohn gerufen.“

* * *

In Gizeh ist ein Königsschloß zum Museum umgewandelt worden. Von diesem Museum kann aber nur der wirklich reden, der es mit ruhiger Zeit und ernstem Studium durchsucht. Wir wurden in altägyptischer Weise hindurchgeführt, indem unser Frohnvoigt, der vorzügliche Dragoman Hornstein, uns von Zimmer zu Zimmer kommandierte: Herrschaften, hier ist ein Sarg aus der Zeit Ramses II., Herrschaften, hier ist der berühmte ägyptische Dorfschulze, Herrschaften, hier sind römische Säulen! Und so ließen sich die Herrschaften durch die Jahrtausende jagen, wie die Ziegen in Palästina, hinter denen ein kleiner Beduine herläuft. Was läßt sich nach solchem Museumsritt berichten? Nichts, was nicht besser im Bädecker steht! Wir reden nur deshalb von diesem Museumsbesuch, um spätere Reisende aufzufordern, einen ruhigen halben Tag für diese einzigartige, gewaltige Sammlung zu reservieren und — allein zu gehen. Es ist ja überhaupt nicht leicht, die Denkmäler der Pharaonen und die Reliefs der ältesten Kultur zu sich sprechen

Museum von Gizeh.

zu lassen. Wenn irgendwo bei Kunstbetrachtung, ist hier Versenkung nötig, ein Vergessen unserer Linien, Arabesken, Schnörkel und Perspektive. Es war ein anderes Gehirn, das hier gemeißelt hat. Man steht vor den steifen ägyptischen Pfeilern mit den breiten Kehlen und staunt Bilder an, die man nicht zu deuten vermag, wenn nicht zufällig im Reisehandbuch etwas bemerkt ist. Aber das merkt man doch: Hier floß Weltgeschichte, hier war Flut, Geist, Kraft. Hier war nicht ein armer, gedrückter Winkel wie am Jordan. Hier war einmal der Mittelpunkt der Kulturwelt. Es ist unendlich lange her, da war Memphis eine Art London.

* * *

Der Versuch, Ägypten zum modernen Staat zu machen, ist sehr interessant, nur kann der Fremdling in wenigen Tagen beim besten Willen über die Aussichten des kühnen Unternehmens sich kein Urteil bilden. Was man sieht, ist, daß der europäische Ingenieur und Unternehmer eine große Rolle spielt und daß die englischen Offiziere in Kairo etwa mit der Sicherheit auftreten, wie Gardeoffiziere in Berlin. Dieses Land hat kein Rückwärts mehr, es muß sich modernisieren auf Leben und Tod. Und allerdings, wenn irgendwo, lädt hier die Natur zum intensiven Betriebe ein. Wer von Kairo nach Alexandrien fährt, sieht die lumpigen Fellachenhütten zwischen den blühendsten, fruchtbarsten Gefilden, die es geben kann. Was könnte hier für ein Bauernstamm wohnen! Es lacht einem ordentlich das Herz im Leibe, wenn man denkt, gute deutsche Marschbauern in diese Marsch zu versetzen. Aber freilich, deutsch wird Ägypten in dieser Geschichtsperiode nicht. Die Deutschen sind wenige, und die Absage des Kaisers, nicht nach Ägypten zu kommen, verbessert ihre Lage nicht. Von hier aus gesehen, war die Unterlassung des Besuches ein Fehler, der schwer wieder gut zu machen ist. Die Gelder, die zu Vorbereitungen des Besuches verwendet wurden, sind sehr große. Man spricht davon, daß allein der Khedive zwei Millionen Franks vergeblich ausgegeben hat. Selbst treue Deutsche sind ungehalten, wenn sie des Ministerrates in Potsdam gedenken, der nach

Kairo telegraphierte: Kaiser kommt nicht! Nun, es sei so oder anders, unsere Freunde in Alexandrien haben Jugendmut genug, um in ihrer schönen deutschen Schule weiterzuarbeiten. Wir grüßen sie bestens und danken besonders dem, der uns auf das von Napoleon I. gebaute Fort führte, von dem aus man einen schönen Rundblick über Alexandrien hat. Tiefblaues Meer, weiße Dächer, das ist der letzte Trunk aus der Schönheit Afrikas! Dort liegt unsere „Asia" an der Rhede. Lebt wohl, ihr Palmen, weite Wüste, ihr Pharaonengräber lebet wohl! Hier hätten wir noch länger bleiben mögen, aber die Schiffsglocke klingt. Noch ein Fez wird vom Händler gekauft. Afrika ist vorbei.

* * *

Der letzte, der in Alexandria vom Schiffe hinwegging, war Herr Kappus aus Jerusalem, der eine Träger unserer Reisegesellschaft. Er hatte keine leichte Aufgabe, denn durch das Fehlen des Herrn Dr. Benzinger, des Herausgebers der neueren Auflagen des Bädecker, war der Reise ihr wissenschaftlicher Kopf genommen. Es waren berufliche Gründe, die es Dr. Benzinger unmöglich machten, unser Karawanenhaupt zu sein, aber wie oft am Jarmuk und am Gebirge Gilboa, bei Ramah Saul und im Lande Gosen haben wir gesagt: Hier müßten wir Benzinger fragen können! Eine künftige Reise, die er selbst leitet, wird sehr gewinnen. Für Landreisen in Palästina werden Benzinger und Kappus zusammen mehr leisten können, als irgend eine andere Firma. Wir fuhren beispielsweise von Jerusalem nach Jaffa mit einem Holländer, der unter anderer Leitung die Tour von El Muzerib nach Jerusalem gemacht hatte. Wo wir sieben Tage brauchten, hatte er zehn gebraucht, und während wir ein gutes Personal besaßen, war sein Dragoman täglich betrunken. Man muß dieses im Auge behalten, wenn man gerecht urteilen will. Es ist wahr, daß auch bei uns nicht alles klappte. Über das Reitzeug sprachen wir schon, und den Wein am See Genezaret möchte ich bis an meinen Tod nicht wieder trinken, auch bei der Einfahrt der größeren Menge der Gesellschaft

Herr Kappus.

nach Jerusalem herrschte Unklarheit und Unordnung, aber was Kappus thun konnte, um geschehene Versehen auszugleichen und hunderterlei Wünsche zu befriedigen, hat er gethan. Immer war er geduldig und lächelnd. Wir sagten einmal zu ihm: Herr Kappus, Ihre Geduld ist nicht mehr christlich, sie ist bereits türkisch! Da lächelte er wieder. Und wenn er diese Zeilen liest, wird er es wieder thun. In seinem Hause, draußen vor dem Jaffathor in Jerusalem, haben wir gern gewohnt. Es war in Jerusalem fast das einzige etwas behagliche Fleckchen, das man gefunden hat. Jetzt nun stand er am Kai von Alexandrien, wir aber fuhren wieder ins blaue Wasser hinein, zu einer viertägigen Strecke: Alexandria-Neapel.

* * *

Am ersten Tage der Seefahrt war an Bord alles müde, abgespannt. Man lag in den breiten Stühlen, soweit man so glücklich war, einen solchen zu greifen, und that auf geistigem Gebiet dasselbe, was die Riesenschlange thut, wenn sie zusammengerollt nach der Vorstellung in ihren Wolldecken liegt. Es sah aus, als würden wir eine heitere Seefahrt haben, als sollte noch einmal nach Überwindung der ersten Mattigkeit getanzt und gelacht werden wie zwischen Genua und Athen. Es schien sogar, als ob der fast vergessene Verein der besseren Junggesellen wieder aufleben wollte, ein Verein, dem es nicht gelang, seine Mitglieder vor Liebesanwandlungen völlig zu schützen. Aber was hilft alles Hoffen, wenn das Schiff zu schwanken anfängt? In der Nähe von Kreta begann bei hellem Sonnenschein ein Wellengang, der alles durcheinander warf, was auf der „Asia" nicht niet- und nagelfest war. Dazu gehörten nun leider auch die Menschen. Wir denken einer prächtigen Sturzwelle, die in einer Ecke der Schiffsbrücke zwei Damen und drei Herren zusammenwarf und mit Schnellbad versah. Wenn auch dabei nichts zerbrach, so ist es derselben gnädigen Fügung zu danken, die über unserer ganzen Tour gewaltet hat. Ein Kranker mußte in Konstantinopel abgesetzt werden, sonst aber gab es nur kleinere Übel, für die freundliche ärztliche Hilfe immer gern gewährt wurde. Schließlich also wurden an jenem Tage der Sturzbäder die Klappstühle angebunden

Sturzwellen.

und die Menschen lagen fast buchstäblich an der Kette, einige ihrer selbst spottend, andere über ihre Nächsten lachend, andere mit ihrem Magen kämpfend, noch andere hinter dem Bädecker von Ägypten diesen Kampf verbergend, schließlich aber solche, die sich in die Rolle der gebrochenen Existenzen offen und willig hineingefunden hatten. Man sagt, daß die Winde bei Kreta so schlecht seien, weil die Bewohner dieses langen Eilandes schon seit den Zeiten des Apostel Paulus von fragwürdigem Charakter sind. Doch selbst die kretischen Unruhen auf der „Asia" kamen einmal zu Ende, nur ging das Schiff noch einen halben Tag länger schief, weil der in seiner Tiefe geborgene asiatische Hafen sich im Sturm nach links verschoben hatte. Aus Abend und Morgen wurde der zweite Tag und der dritte Tag und schließlich sah man — fast hätte ich gesagt: die Zinnen von Syrakus. Kalabrien und Sizilien kamen wieder in Sicht, in schöner, heller Morgenbeleuchtung fuhren wir durch die Straße von Messina, alte bekannte Berge, Brücken, Orte mit den Augen grüßend. Wieder waren wir am Berge Stromboli und bald, bald kommt Neapel.

* * *

Schon als wir auf dem Nil fuhren, fing eine Dame an vom Grunewald zu reden und pries seine Schönheit. Dieser kleine Vorfall war bezeichnend, denn er gehörte zu den ersten Regungen des Heimwehs nach der heimatlichen Natur. Wie lange schon sah man glänzende Landschaften! War es nicht an der Zeit, einmal eine Wiese mit Himmelschlüsselchen zu sehen, einen Bach mit Vergißmeinnicht, etwas Laubwald, etwas Deutschland? Selbst eine heimische Novemberlandschaft durfte es sein: graue Wolken, nasse Tropfen, fallende Blätter, Stoppelfelder! Auch Sonne und Pracht kann ermüden. In stiller Nacht lag der heimkehrende Jerusalempilger in seinem schmalen, hohen Kabinenbett. Das Schiff atmete auf und nieder, aus benachbarten Kabinen tönten dumpfe Laute, wie aus entfernten Metallfabriken, wo man feilt und raspelt, bunte Bilder zogen am Gehirn vorüber. Wir fuhren noch einmal an Sizilien hin, sahen Pyramiden,

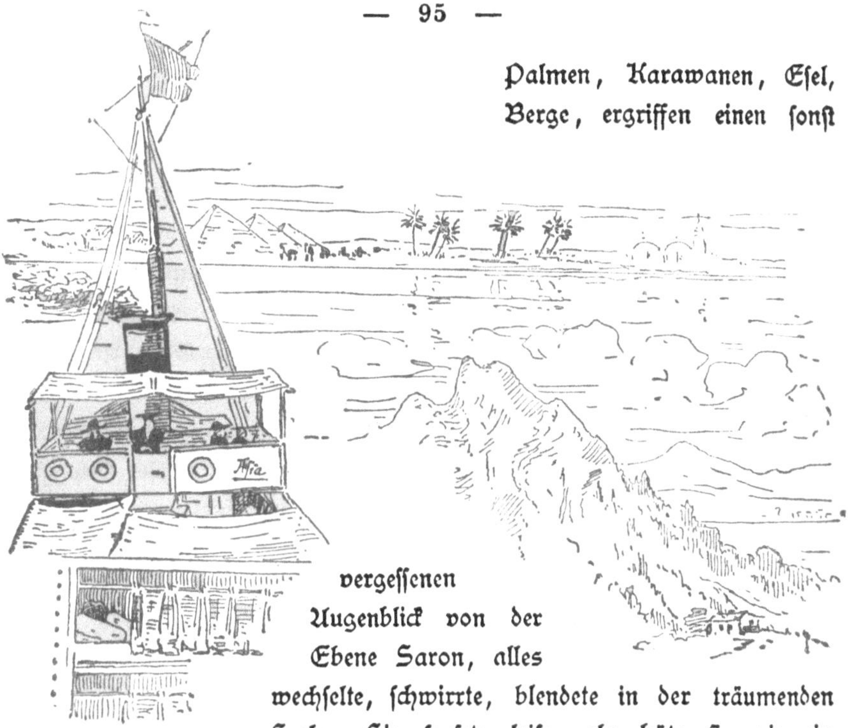

Palmen, Karawanen, Esel, Berge, ergriffen einen sonst vergessenen Augenblick von der Ebene Saron, alles wechselte, schwirrte, blendete in der träumenden Seele. Sie seufzte leise, als bäte sie wie ein müdes Kind, das man auf die Hochzeit mitgenommen hat: ich kann nicht mehr, laßt mich nach Hause! Es war dumm von der Seele, so zu bitten, aber sie that es doch. Aus Palmen machte sie Tannen, aus dem Nil den Main, aus Moscheen schuf sie Kirchen, dazwischen tanzten Kinderaugen und Frauenhände; man vergaß die Ferne und war zu Hause, bis man selbst wieder mitarbeitete an dem raschelnden Konzert eines schnarchenden Dampfers.

* * *

Man muß diesen ganz leisen, leichten Hang zum Heimweh beachten, wenn man den Eindruck verstehen will, den Neapel auf uns gemacht hat. Wir waren nicht das erste Mal in Italien und kennen die Gefühle, die der Deutsche hat, wenn er aus der deutschen Ruhe, Regelmäßigkeit und Sauberkeit in das italienische Getriebe hineinkommt. Wie fern kamen uns bei unserer ersten Italienfahrt vor sieben Jahren diese Italiener vor! Und

Heimweh.

jetzt, wo wir von Syrern, Arabern und Fellachen kamen, war es eine verwandelte Welt. Es war uns in Neapel, als seien wir aus der Welt der Schreier und Betrüger in die Heimat ruhiger und biederer Ehrenmänner gekommen. Ohne Zweifel ist Neapel laut, aber doch nicht so laut wie Damaskus und Kairo. Die Menschen sind auch in Neapel etwas zudringlich, aber doch nicht so wie an den Pyramiden. Neapel ist schmutzig, aber wenn man von Jerusalem kommt, sieht man das nicht. Dazu spricht man hier eine Sprache, die man lesen und verstehen kann; das Moderne ist nicht nur wie in Kairo auf einen europäischen Stadtteil beschränkt, nein, die ganze Stadt ist italienisch modern, nach Konstantinopel die erste einheitliche, charaktervolle Stadt, die wir sahen. Dieses Geschäftsleben in der Galeria Umberto, diese breite, gute Kunst an der Piazza Plebiscito, diese Drähte, Flammen, Wagen, Schaufenster und dahinter die hohen Häuser mit den engen Gassen, in denen die Männer, Weiber und Kinder der größten Stadt Italiens leben. Hier ist ein Körper, der Blut in sich hat. Wir sind aus dem Gebiet des Muhammedanismus heraus! Der Geruch von Mekka reicht nicht bis hierher. Hier ist Christenland trotz allem, was unser verehrter evangelischer Pastor Trede gerade am Christentum der Neapolitaner auszusetzen hat. Wir bestreiten das, was er über die Elemente des Heidentums im modernen Neapel geschrieben hat, mit keiner Silbe, aber es ist eben das eigentümlich interessante unserer Reise, daß wir vom Orient nach Neapel kamen, und daß deshalb auch geistig diese Stadt uns wie eine Verwandte ansah. Wenn in Damaskus unser Kaiser die 300 Millionen Muhammedaner Freunde und Brüder genannt hat, welches Wort hätte dann Innigkeit genug, um den Neapolitanern zu genügen, wenn wir sie mit diesen Freunden am Barrada, am Nil und Ganges vergleichen? Man komme von Böhmen nach Schleswig-Holstein und vergleiche die Tschechen mit unseren ehrenfesten Urgermanen zwischen Flensburg und Hamburg, dann hat man noch lange, lange nicht den Unterschied zwischen Arabern und Italienern.

* * *

Warum hat Gott wohl seinen Sohn nicht nach Neapel gesendet? Hier hätte er doch wenigstens eine Umgebung gehabt, die kein schlechter Rahmen für sein ewiges Bild gewesen wäre! Daß ihn die Neapolitaner auch wohl gekreuzigt hätten, wenn er sie in ihrem Heidenleben störte, glauben wir, aber welche Stadt, welches Kirchenregiment, welche Staats-obrigkeit würde den Heiligen nicht gesteinigt, gekreuzigt, gepfählt oder zu Zuchthaus verurteilt haben, wenn er zu ihr gekommen wäre? Aber freilich im Gefilde von Neapel wachsen die Menschen nicht, die nur für das Jen-

seits leben, denn hier ist das Diesseits zu schön. Der Heilige wuchs leichter zwischen den Steinen Galiläas als zwischen den Reben und Orangen am Posilip. In dieser Landschaft ist es schwer, sich ein Bild des ewigen Paradieses zu machen, das nicht Capri und Ischia, Miseno und Sorrento enthielte. Wann sahen wir solches Blau wie in Neapel? Ohne nach der blauen Grotte gefahren zu sein, halten wir blau für die Grundfarbe der neapolitanischen Landschaft, ein Blau, in dem der Himmel auf die Erde niedersteigt. Giebt es Worte, um eine ganze Sonate aus dem einen Begriffe „blau" zu machen? Lachendes blau, schlafendes blau, weiches blau, leidenschaftliches blau, schwarzes blau, weißes blau, grünes blau, blau wie Feuer, blau wie Wasser, blau wie eine Kinderseele, blau wie ein Kuß am Hochzeitstag — es ist Schwärmerei, so zu schreiben. Man kann nicht schreiben, was man eben nur sehen kann. Ohne gewisse Übertreibungen kann man die Wahrheit nicht glaubhaft sagen, weil Sören Kierkegard recht hat, wenn er behauptet, der Schriftsteller müsse schluchzen, damit der Leser glaube, er seufze. Ohne in den Worten bis an die Grenze des Möglichen zu gehen, kann niemand den Naturglanz Neapels beschreiben. In diesem Sinn sagt der Italiener: Neapel sehen und sterben!

* * *

Als die Frage aufkam, ob wir nach Capri oder Pompeji fahren wollten, wählten wir letzteres. Am Vesuv vorbei fuhren hohe englische Kutschen mit vier Pferden, vollgepackt voll deutsche Menschen. Sehr gern wären wir auf den Vesuv hinaufgeritten und hätten Pompeji fahren lassen, um einmal von der Höhe des vulkanischen Kegels aus das köstliche Bild von Meer und Land zu haben, aber die Wolke, die das Haupt des Berges umschwebte, war so dicht, daß man an jenem Tage doch nichts hätte sehen können. Es war auch vielleicht gut so, denn Pompeji ist interessanter, als wir geglaubt hatten. Mit großem Fleiß und viel Unkosten sind die Straßen und Grundmauern der Hälfte einer altrömischen Luxusstadt bloßgelegt, ein Städtebild, das in gewisser Weise an das erinnert, was in Damaskus und Jerusalem noch heute lebendig ist. Die Straßen sind für Wagen eingerichtet, die nicht von Tieren, sondern von Sklaven gezogen werden. Das Handwerk hat offen vor den Thüren gearbeitet. Heiligtümer und auch sehr unheilige Stätten sind in ihren

Ruinen von Pompeji.

Resten vorhanden. Jetzt liegt die Stadt ohne Menschen und ohne Pflanzen, kalt wie ein muhammedanischer Friedhof. Der Tod klebt an den Mauern. Ergreifend sind die menschlichen Gestalten, die in Kalkstein vor uns liegend noch alle Züge der Angst vom letzten Tage Pompejis an sich tragen.

* * *

Über den Posilip fuhren wir zum Kloster San Martino und sahen die Stadt zu unseren Füßen. Als Stadt, abgesehen von den Linien der Landschaft, ist Genua mindestens ebenso schön. Hier wie dort herrschen die hohen, großen Häuser vor, jene italienischen Gebäude, die weder der Norden noch der Orient in dieser Weise hat. Es ist uns trotz öfteren italienischen Aufenthaltes noch nicht ganz gelungen, in das Geheimnis dieser Bauform einzudringen. Folgende Gesichtspunkte scheinen zu ihrer Erklärung beachtenswert:

1. Man baut in Italien billiger als bei uns und deshalb weniger sparsam.

2. Der Geschmack an großen Formen, hohen Mauern, hohen Zimmern, weiten Treppenhäusern ist durch das Alter der italienischen Baukunst sehr verbreitet.

3. Das Bedürfnis schattiger Plätze veranlaßt hohe Mauern bei engen Straßen und Höfen.

4. Die Erhöhung der Bodenpreise muß in Italien schon sehr zeitig eingetreten sein, ein Vorgang, für den uns die Nachweise fehlen, den wir aber aus der Konstruktion der älteren italienischen Gebäude schließen. —

Alle neuen Stadtteile sind gradlinig, luftig und übersehbar, die alten Gebiete aber sind von oben betrachtet wie ein Durcheinander verschiedener Spinnengewebe. Es fehlt in Neapel eine Kirche von überragender Schönheit, dagegen ist viel annehmbares Mittelgut zu sehen. Überall aber vor der Stadt, am Strande, am Vesuv, am Wege nach Camaldoli, überall stehen gartenumkränzte Villen von teilweis hohem landschaftlichen Reiz. Wer bezahlt eigentlich diese Palmen, Mimosen, Musa, diese Fontänen, Göttinnen, Treppen und Säulenhallen? Ist dieses Geld im

Hohe Häuser.

Handel oder in der Industrie gewonnen? Ist es von Fremden ins Land gebracht? Oder ist es nicht doch in den meisten Fällen der Zins, den der italienische Bauer zahlen muß, damit er ein Fleckchen Erde behalten darf, auf dem er fleißig sein kann?

* * *

Das Aquarium in Neapel ist wirklich sehenswert, denn es bietet Gestalten, die wir weder in Berlin noch in Frankfurt sehen konnten. Was für wunderliche Tierformen giebt es doch in der Wasserwelt! Auf dem Lande stirbt eine merkwürdige Gestaltung nach der anderen aus, im Wasser aber ist die Welt noch vollkommener, da dort der Mensch mit seiner Qual, mit Pulver und Fangeisen, schwer hingelangt. Keine Phantasie würde sich solche Leiber ausdenken, wenn sie nicht vorhanden wären. Wer an einen bewußten Schöpferwillen glaubt, der hinter der stufenweisen Naturentwicklung vorhanden ist, kann sich vielen Gedanken hingeben über die Unerschöpflichkeit der Ideen, die aus dem Lebenszentrum der Welt herausquellen. Es ist, als ob es Tiere gäbe, die der Ewige sich schafft, wie wir Nippsachen auf den Sims des Kamins stellen. Lange standen wir vor der Glasscheibe, hinter der die Polypen ihre Kämpfe ausführen. Wie klingt hier das Wort aus dem Katechismus: Ich glaube, daß mich Gott geschaffen hat samt allen Kreaturen?

* * *

Als wir, gefüllt mit Eindrücken von Malerei und Marmor, das schöne Nationalmuseum verlassen hatten, mußten wir heraus aus den Mauern: Luft, Freiheit, Ruhe! So kamen wir zum Camposanto von Neapel. Er ist nicht so kunstreich wie der Friedhof von Genua, aber weit schöner als die Totenäcker von Konstantinopel oder die Mameluckengräber in Kairo. Zwischen dunklem Grün liegen weiße steinerne Monumente, meist etwas schwerfälligen Stiles. Was uns aber mehr beschäftigte, war eine Prozession, die mit dem Tode eines Barons zusammenhing, von dem der Geistliche versicherte, daß jeder, der ihn gekannt, ihn für einen Ehrenmann und guten Christen gehalten habe. Von diesem Baron also wurde bei den Leidensstationen Christi geredet, zugleich aber auch von Jesu Wunden, Nägelmalen, Seufzern u. s. w., nicht viel anders, als wir es aus den Passionsandachten eines landläufigen italienischen Gebetbuches kennen. Was uns in Erstaunen gesetzt hat, war die wunderbare Leistungsfähigkeit des betreffenden Redners. Man weiß, daß wir auf dem Gebiet geistlicher Rede nicht ganz unerfahren sind, aber die Summe von Gefühl, die der Hochwürdige in 7 oder mehr verschiedenen Ansprachen entwickelte, war uns fast unfaßbar. Immer rührte er bis zu Thränen, immer hatte er die ganze empfindsame Italienerseele auf seiner geschmeidigen Zunge. Es scheint wahrhaftig unter der Sonne Süditaliens leichter, Gefühle zu produzieren, als unter dem kälteren Himmel der Deutschen.

* * *

Draußen vor dem Camposanto ist eine Feldkneipe, wo italienische Handwerker mit Frau und Kindern den Sonntagnachmittag verbringen. Hier freundete sich der Prussiano bei Vesuvwein mit diesen klugen Burschen an, die seinen Becher mit leeren halfen und ihn dafür nötigten, mit ihnen Zwiebel und gesalzenen Fisch zu essen. Man redete, so gut es ging, über Kaiser Wilhelm, den Vesuv, die Bedeutung des Verlobungsringes und des Trauringes am deutschen Finger, über die schöne Galeria Umberto und einiges andere, bis das Violett des Abends sich um den Vesuv legte und den Fremdling nötigte, zum Schiff zu eilen. Es war höchste Zeit, wenn er noch mit der „Asia“ nach Genua wollte. Das letzte Wort hieß: Wiedersehen!

* *

Die „Asia“ ist leer. Die Reisegenossen fahren über den Gotthard oder den Brenner, ich sitze in einem netten deutschen Heim bei Genua und genieße deutsche Häuslichkeit und italienische Umgebung zugleich.

* * *

Vor mir schwanken Fischerkähne im weichen Grau des eben müde schlafenden Meeres, einige kleine Palmen strecken im Garten ihre langen grünen Finger aus, an den Wänden hängen Bilder deutscher und italienischer Meister, alles ist heimatlich, traulich. Hier soll etwas geschehen, was der Ruhe bedarf. Das Ergebnis der Reise soll gesammelt werden. Ehe ich wieder in Deutschland bin, muß der Kern des Gewonnenen oder Verlorenen feststehen, denn sonst verschlingen die heimischen Klänge den Ton des Orients. Ich kenne mehrere viel gelesene Schriften über Palästina, denen man es anmerkt, daß sie erst in der Heimat geschrieben wurden. Der Ort verändert in diesen Dingen sehr viel, denn er ändert die Stimmung. Hier ist Ruhe, hier will ich für mich schreiben, was ich wirklich fand und erlebte.

* * *

Als ich aber nun anfangen wollte, vom religiösen Ergebnis der Reise nach Palästina zu reden, setzte sich der Engel der Pietät zu mir und sagte: „Ich kenne deine Stimmung, du bist sehr enttäuscht; ich bitte dich, laß dieses deine Leser nicht merken! Siehe, wieviele waren vor dir dort, sahen denselben toten Jammer und schrieben dann doch ein erbauliches Buch! Kannst du das nicht auch? Und wenn du es nicht kannst, dann schweige!
Ich merkte, daß er weggeflogen war, konnte aber nicht sofort über das ins Reine kommen, was er mir gesagt hatte. Wahrscheinlich war ich nicht der erste, neben dem er gesessen hatte. Es gab gewiß andere vor mir, denen er schon sanft das Tintenfaß weggenommen hatte, wenn sie

Pegli bei Genua.

frei und schonungslos sagen wollten, welchen Eindruck sie von Palästina mit hinwegtrugen. Nur wenige Darstellungen des heiligen Landes kenne ich, die nicht mit schonender Andacht gesättigt wären. Ist es unrecht, anders zu schreiben? Darf man sagen, daß Palästina den christlichen Glauben schwerer macht? Oder soll es ein unausgesprochenes Erlebnis der Pilger bleiben, daß sie auf der Heimfahrt Mühe hatten, Gott für den Besuch des heiligen Landes zu danken? Wenn wir aber schweigen, die wir dort waren, so täuschen wir die Daheimgebliebenen. Sie verlangen zu wissen, was unsere Seele fand. Viele von ihnen sprechen zu uns: Wir wollen keine Schonung, wir wollen Wahrheit!

Eine Wahrheit in solcher Sache kann immer nur rein persönlich sein. Es ist möglich, daß jemand alle Dinge sah, die ich gesehen habe und doch mit anderen Gefühlen nach Hause kommt. Immerhin, ich bin es nicht allein, der enttäuscht heimkehrt. Mancher hat in Palästina zu mir gesagt: Warum hat uns niemand dieses alles zu Hause mitgeteilt? Es kam nicht mir allein so vor, als hätte man uns bisher absichtlich im Dunkel gehalten. Absichtlich war es nun wohl nicht. Wir haben ja auch vorher Palästinalitteratur gelesen, die keine andere Absicht hatte, als wahr zu sein. Es ist aber sehr schwer, einem Christen, der in Deutschland sitzt, genau zu sagen, was uns der Besuch Palästinas nimmt und wenn es gesagt worden ist, so verschlingt die Gewohnheit das Gehörte. Auch der heimgekehrte Pilger ist in Gefahr, sein eigenes Erlebnis zu vergessen und nach der Reise sich wieder in die alten Formen des christlichen Denkens zu gewöhnen, als sei er gar nicht aus ihnen aufgeschreckt worden. Nur so kann ich mir manches erklären, was ich von Leuten las, die in Palästina waren und deren Charakter ich tief verehre.

Ist es nicht schließlich eine Pflicht der Frömmigkeit, offen über schwierige Dinge des Glaubens zu reden? Wir sind Protestanten, wir haben keine bindende Tradition. Als Protestanten sind wir Suchende, die auch das als eine Gnade Gottes ansehen, wenn er ihnen einiges zerbricht, woran sie gehangen haben. Er hat seine Diener nie geschont, sondern sie in Zweifel und Konflikte hineingeworfen, wenn er sie fördern wollte. Auch der enttäuschte Jerusalempilger sagt mit dem flüchtenden Chrysostomus: Ehre für alles sei Gott!

Wie aber soll der zarte und schwierige Stoff verständlich gemacht werden? Vielleicht ist es am besten, vom fernsten anzufangen, vom Eindruck des Muhammedanismus im Gegensatz zum orientalischen Christentum und dann erst von der orientalischen Grundlage unseres eigenen Christentums zu reden.

* * *

Über das Religiöse im Muhammedanismus kann ein flüchtiger Reisender schwer schreiben. Von Konstantinopel bis Kairo waren wir das erste Mal in unserem Leben nicht im Christenlande. Wir sahen zahlreiche Moscheen und fanden in ihnen allerlei Volk auf Teppichen und Matten knieend. Aber mehr als das Äußere hat man doch nicht gesehen. Leute, die den Muhammedanismus kennen, versichern, er besitze „Andacht", Kontemplation, innere Füllung der Seele. Worin bei der Dürftigkeit der muhammedanischen Glaubenslehre diese Füllung besteht, welche Gedanken während der islamitischen Gottesverehrung auf- und niedersteigen, wie Ebbe und Flut des inneren Lebens der Muhammedaner aussieht, wissen wir nicht, aber wir glauben thatsächlich, daß Religion vorhanden ist. Ohne solchen Gehalt wäre es schwer, die äußere Kahlheit des Gottesdienstes zu ertragen. Während nämlich der orientalische Christ ein Heer von kleinem Kram aufmarschieren läßt, Bilder, Mirakel, Andachtsformen, erscheint der Türke als der Nüchterne und Kahle, gleichsam als der Kalvinist neben dem Katholiken. Große und kleine Moscheen sind von sich gleich bleibender Schlichtheit. Bildmalereien oder gar Statuen existieren für sie nicht. Selbst Prachtgebäude wie die großen Moscheen in Konstantinopel, Jerusalem und Kairo, die verehrtesten muhammedanischen Religionsstätten nächst Mekka behalten etwas kalt vornehmes. Mit Leichtigkeit könnte man ihren dekorativen Reiz vermehren, aber der Muhammedaner ist Rationalist, er liebt die verständigen, klaren architektonischen Formen ohne viel Beiwerk.

Muhammedanische Nüchternheit.

Auch scheint, daß er weniger auffälligen Aberglauben hat, als die orientalischen Christen. Das will zwar wenig sagen. Auch die Omarmoschee in Jerusalem hat ihre Sagen und Lügen so gut wie fast jede Kirche im Orient. Auf allen Bergrücken giebt es weiße Gebäude, von denen der Dragoman sagt: „Ein muhammedanischer Heiliger begraben." Immerhin erschien uns der Knochenhandel im Muhammedanismus weniger aufdringlich, als bei unseren christlichen Brüdern.

Man fragt sich täglich im Orient: wie konnte das Christentum vom Muhammedanismus überwunden werden? Für jemanden, der oft von der Lebenskraft des Christentums gepredigt hat, ist das eine peinliche Frage. Wir haben in deutschen Kirchen nicht darüber predigen hören, daß erst die gesunde germanische Kraft aus dem Christentum etwas gemacht habe, sondern darüber, daß unsere Kraft ohne das Christentum nichts sei. Wir hörten sagen, alles Fleisch könne durch den Glauben neu geboren werden. Hier aber sehen wir breite Völker an den Ursprungsstätten unserer Religion, die trotz vieler Jahrhunderte Christentum nichts ordentliches geleistet haben. Wen sollen wir anklagen: die zankenden Priester, die verfaulten Völker oder das Christentum selbst? Wenn die Priester nicht besser waren, ist es nicht auch ein Vorwurf für ihr Bekenntnis? Wenn die Völker sich nicht erneuerten, trifft es nicht auch das Christentum? Ja, leider, in der That! Es trifft das Christentum als System, als morgenländische Kirche, aber es trifft nicht den Mann, der weder System noch Kirche war, Jesus Christus. Er war zu stark, scharf und groß für den bereits durch die Römer geknechteten Orient. Völker ohne Selbstbewußtsein und Schaffenskraft waren zu schwindsüchtig, um von seinem Blut zu trinken. Sie tranken verdünnten Priestertrank und thaten Kräuter aus der alten heidnischen Hausapotheke dazu, das Resultat aber war Fortsetzung der Krankheit. Jesus sagt: „Wer da hat, dem wird gegeben, daß er die Fülle habe; wer aber nicht hat, von dem wird auch das genommen, das er hat." Das ist das Evangelium der Starken, ein hartes, gewaltsames Evangelium! Merkwürdig, daß gerade er es so kurz und unvergänglich formuliert hat, er, gerade er! Es ist wahr geworden an denen, die den Nil, den Jordan und den Bosporus bewohnen.

Es ist traurig zu sagen, aber es ist wahr, daß im allgemeinen von außen der Türke einen anständigeren und besseren Eindruck macht, als der orientalische Christ. Er ist der Herr, der Christ ist der Knecht. Von beiden aber sagte ein alter erfahrener Deutscher: „Läus' hat auch der beste." Man verzeihe den derben Ausdruck, er entspricht der Sache! Für ehrlich hält man weder den Türken, noch den eingeborenen Christen, nur sind die Formen, in denen sie unehrlich sind, nach Stand und Bildung verschieden.

Das Christentum war keine genügende Lebenskraft für Palästina, Syrien, Kleinasien und Konstantinopel, aber der Muhammedanismus war es auch nicht. Er ist gefrorener Fanatismus. Einst war er Sturm, heiß wie der Sirokkosturmwind, wie ein arabisches Pferd. Alles sank vor ihm nieder. Der Patriarch von Jerusalem übergab die heilige Stadt ohne Schwertstreich. War das christliche Ergebung in Gottes Willen? War es unchristliche Schlaffheit? Auf dem Tempelberg wandelten sich Kirchen in Moscheen. In wenig Jahren war der Halbmond Sieger vom Sinai bis nach Damaskus. Aber dann, nachdem der Muhammedaner gesiegt hatte, legte er sich zu seinen Frauen und schlief. Er hat erobern können, aber nicht erneuen. Wo er sitzt, da giebt es Ruinen. Das ist nicht die Religion, die überall und bei allen Völkern siegt. Sie siegt dort, wo arme gedrückte, willenlose Knechte wohnen, in der Levante, in Afrika, in Indien, aber ihre Macht hat ein Ende. Der Muhammedaner fühlt, daß der moderne abendländische Christ sein Herr sein wird. Er grollt dem Europäer, daß er sein Haupt so hoch trägt, wie es der orientalische Christ nie wagen würde, aber ändern kann er es nicht. Er hat den Kampfesmut der alten Tage eingebüßt, sitzt bei seiner Wasserpfeife, raucht, sinnt, träumt, hält sich für die Krone der Schöpfung und kann doch nicht hindern, daß er Vertreter einer sinkenden Zeit ist, die Erinnerungen hat aber keine Zukunft.

* * *

Fast bei jeder Reisestation kommt der Orientreisende auf den einen, schweren, peinlichen Punkt zurück: wir haben die Ursprungsorte unseres Glaubens verloren! Gott ließ es geschehen, daß Allah und sein Prophet siegten. Er läßt alles geschehen, was nach inneren sittlichen Gesetzen nötig ist. Das Christentum hat eine Verheißung, in der Welt nicht unterzugehen, aber eine Sicherheit, Völker und Landstriche

nicht wieder zu verlieren, hat es nicht. Und dort, wo einmal Christenland war, ist nun doppelt harter Boden. Bis jetzt ist von einer Rückgewinnung der Muhammedaner für das Christentum nur in ganz einzelnen Fällen zu reden gewesen. Was der Islam gegriffen hat, hält er fest. Die Kreuzzüge haben ihm nicht geschadet, weder Schwert noch Liebe haben die Bibel wieder an die Stellen legen können, wo der Koran liegt. Die einmal überwundenen orientalischen Christen sind kein Sauerteig im Muhammedanismus geworden. Sie haben ihren Dogmenzank nicht beendet, als sie unter seinen Folgen erlagen. In vielen besonderen Gruppen und Abteilungen führen sie ein Dasein beständiger Uneinigkeit. Selbst der offenbare Rückgang des Islam an geistiger Kraft weckt sie zu keinem neuen Leben. Sie sind Salz, das dumpf geworden ist.

Öfter mußte in unserem Reisebericht von dem abstoßenden Eindruck der christlichen Stätten im heiligen Lande geredet werden. Was ist es, das so abstoßend wirkt? Der Mangel an Erneuerungskraft! Alles ist alt, nichts ist jung! Man würde das Alter vertragen, wenn hoffnungsvolle Jugend daneben wüchse. Ohne Frage giebt es auch im morgenländischen Christentum viel Innigkeit, aber diese Innigkeit klebt an vermoderten Fetzen und glatt polierten Steinen. Das Evangelium merkt man nicht, man merkt, daß es nicht da ist, denn wo das Evangelium ist, da ist werbende Unruhe. Ein verkalktes, verstaubtes, verarmtes, ausgetrocknetes Christentum, dürr wie ein steiniges Wadi ohne Wasser. Mit einer Art von Schwermut sagt man die Worte aus dem Anfang des dritten Artikels für sich her: „Ich glaube an den heiligen Geist, eine heilige christliche Kirche, die Gemeinschaft der Heiligen." In diesem Lande entstand die christliche Kirche, hier ward der heilige Geist ausgegossen, hier predigte Jesus, hier starben Märtyrer, hier opferten Kreuzfahrer ihr Leben, hier hat es vom Himmel ge-

Keine Erneuerungskraft.

regnet wie nur irgendwo, und der Boden trägt dennoch kaum dürres Gras. „Ach Gott vom Himmel, sieh darein und laß dich deß erbarmen!“ —

* * *

Heute früh in der Morgendämmerung saßen wir in einer kleinen italienischen Kirche. Die ewige Lampe brannte im roten Glas und warf ihr feines, warmes Licht auf die Sterne über dem Haar der Mutter Gottes. Auch der heilige Antonius bekam sein Teil vom Licht. Sonst ging es nach dem bekannten Liede: „Die Heil'gen thäten schlafen.“ Es war noch zu früh, um sie zu sehen. Wir waren allein, so allein wie niemals in einer protestantischen Kirche. Ist es nicht wahr, daß der Protestantismus eine vermauerte Kirche ist, die ihre Thüren nur aufschließt, wenn der Priester reden will? Der protestantische Laie mag in seinem Kämmerlein beten — wenn er eins hat! Wenn er keins hat, kann er ja auf der Oranienstraße beten, eine Kirche schließt früh um 6 vor der Arbeit niemand für ihn auf. Das ist die Kirche des allgemeinen Priestertums! Kurz, ich saß an den Stufen des Altars auf einem alten Strohstuhl und spann Gedankenfäden über Protestantismus und Katholizismus. Es ist auf beiden Seiten, innerhalb und außerhalb der Gotteshäuser, nicht alles Gold, was glänzt, in den glänzenden italienischen Kirchen besonders wenig. Hier macht sich eine Sehnsucht nach Dekoration geltend, die den vom Orient Heimkehrenden an den grenzenlosen Plunder der sogenannten heiligen Stätten in Jerusalem und Bethlehem erinnert. Öde, peinliche Erinnerung! Ist uns nicht in gewisser Weise der Muhammedanismus näher stehend als die niedrigeren Formen des Christentums? Wieder standen wir, diesesmal in einer italienischen Kirche, vor dieser Frage, die wir im Grunde gern vermeiden möchten. Manche Fragen sind aber wie Kinderköpfe, die über die Mauer

Katholische Kirche am Gardasee.

gucken, auch wenn man es ihnen verbietet. Was würde es uns ausmachen, wenn diese kleine Kirche eine kleine Moschee wäre? Dann würde der heilige Antonius fehlen und der heilige Ambrosius und alles ihr Gefolge. Laßt fahren dahin, obwohl es Ehrenmänner waren! Dann würde mehr Teppich und weniger Dorfkunst hier sein. Kein Schade! Dann gäbe es hier keinen Platz für die geweihte Hostie. Mag sein, wir beten sie doch nicht an! Dann gäbe es hier kein Kreuz. Halt! Hier ist der Punkt, wo wir getroffen werden! Dieses Kreuz heiligt die Kirche, es mag in ihr sonst darin sein, was will, und sein Mangel entheiligt die Moschee. Dieses Kreuz, an das eben jetzt das kommende Morgenlicht herandringt, ist die Verzeihung für alle religiösen und ästhetischen Sünden der ganzen kleinen Kirche, denn dieses Kreuz spricht von der Gegenwart Jesu Christi. Wo aber von dieser Gegenwart auch nur ein Restchen ist, da ist Leben und Seligkeit. Mag der Vater im Himmel schließlich auch die Gebete der Moslemin hören (was soll der Gnädige anders thun als auch verirrter Kinder verworrene Töne hören?), wir, die wir getränkt wurden mit Jesus, wir können uns nur da heimisch fühlen, wo Kreuze vom Gekreuzigten reden.

* * *

Die Heimat des Gekreuzigten suchten wir im heiligen Lande, die Heimat des Auferstandenen ist überall, wo er geglaubt wird. Wäre Palästina und Syrien die Heimat des Auferstandenen gewesen im vollen Sinne des Wortes, so wären diese Länder heute noch christlich. Der auferstandene Jesus ist eine praktische Kraft, kein Lehrsatz. Wo er nicht bloß in Kirchen angesungen und angebetet, sondern von Herzen verehrt wird, da schafft er opferfreudige, schaffensfreudige, liebende Menschen, die den Kampf mit Sünde und Not nicht vergeblich kämpfen. Das glauben wir trotz des Verfalles des morgenländischen und des Elends in der abendländischen Christenheit. Jesus ist kein Dogmatiker, weder ein orthodoxer noch ein antiorthodoxer, gehört weder den Monophysiten noch den Dyophysiten, weder den Nestorianern noch den Gregorianern, er gehört allen, die mit ihm an der armen Menschheit arbeiten wollen. Keiner wird es so wie er für alle thun können. Jeder von uns ist an sein Volk und seine Zeit gebunden. Unpraktisches Christentum aber zerfällt trotz seiner Kreuze selbst in der Heimat des Gekreuzigten. Wir fühlen uns dem Muhammedaner himmelweit entfernt, weil ihm das Kreuz fehlt, und dem morgenländischen Christen, weil sein Kreuz zur Reliquie geworden ist. Der Pilger kommt und fragt in Jerusalem: wo habt ihr ihn hingelegt? Der Pope sagt: „in meiner Abteilung in der Grabeskirche“. In der Bibel aber heißt es: „er ist nicht hier — er ist auferstanden!“

Das ist es zuerst, was die Heimat des Gekreuzigten so schwer macht. Er ist nicht hier, wo er sein könnte! Wir haben in Palästina und besonders auch in Jerusalem manche weihevolle Stunde wahrer Jesusdankbarkeit erlebt, aber das Land und die dortigen Erinnerungsstätten haben daran keinen Teil. Es war deutsches, evangelisches Christentum, das uns auch dort wohlgethan hat. Kleinere und größere Kreise deutscher Christen hielten ihre Andachten und sangen ihre Lieder wie sie es in der Heimat auch thun. Ohne diese Stärkung mit gläubiger Heimatsreligion hätten wir nicht in Palästina sein mögen, um so mehr als dieses Land, auch abgesehen vom Zustand des morgenländischen Christentums, einzelne von uns auf eine harte Probe stellte. Die harte Probe heißt: wir wurden uns bewußt, wie sehr der orientalische Urgrund des Christentums uns aus gewohnten Anschauungen herausdrängt.

* * *

Darf ich mit einem Wort über Abraham, den Vater der Gläubigen für drei Religionen, beginnen? Es wird mir leichter, über ihn manches zu sagen, als über Jesus. Welche Vorstellung hatten wir von Abraham? Sie war langsam entstanden aus folgenden Elementen: Lange ist es her, da saßen zwei Kinder rechts und links von ihrem Vater auf einem einfachen Sofa beim Lampenschein vor dem Zubettgehen, und er nahm ein Blatt aus der Bilderbibel von Schnorr von Carolsfeld: „Abraham errichtet dem Herrn einen Altar.“ Personen und Landschaft erschienen erhaben und weihevoll. Die langen, kunstvollen Falten der Gewänder, die ausdrucksvollen Gesichter mit germanischem Typus waren der Grundstock, aus dem sich in den kleinen Köpfen ein Bild des Erzvaters gestaltete. Wenn später ein ehrwürdiger deutscher Greis mit silbernem Bart und milder deutscher Güte vor uns trat, sprachen wir leise bei uns: Ein Erzvater! Mit wachsendem Alter sammelte sich der Stoff, den die Phantasie zu ihrem Abrahamsbilde verwenden konnte, deutsche und italienische Maler gaben ihren Beitrag, das Bild der Kinderzeit wurde unbestimmter, vielfarbiger, wechselnder, aber es blieb sich im Grunde gleich, denn es blieb das Bild des priesterlichen Greises unserer abendländischen Völkerfamilie. Daran änderten auch theologische und historische Studien wenig. Wir lasen Worte wie „Beduinenscheik" ohne tiefere Nachwirkung, weil wir noch keine Beduinenscheiks gesehen hatten. Jetzt ist das anders, einige Tage genügten, um das europäische Abrahamsbild in uns zu zerstören. Es kann nicht wieder hergestellt werden. Jedesmal, wenn wir jetzt einen europäischen Abraham sehen, werden wir zu denken anfangen: Was malt der Maler eigentlich, malt er einen Abraham oder einen Erzvater aus Ravenna, Botzen oder München? Es steigt dann in der Erinnerung ein kleiner, zufälliger Moment auf, einer von hunderten. Als wir nämlich über die Ebene Jesreel ritten, kam ein Beduine des Wegs mit Rindern und Schafen. Da sagte mein Nachbar: So zog Abraham! Ich sah den Beduinen an, er war kein schlechter Vertreter seines Stammes, aber er war mir unendlich fern. So also zog Abraham! Ich sah dem Manne nach, und es war mir, als ob ich Heimweh nach einem Mann bekam, den ich im Geist kannte, und der mir genommen wurde.

* * *

In Neapel und Mailand gingen wir durch die Museen und sahen christliche Bilder aus den großen Zeiten der italienischen Kunst. Es lag seit dem Besuch Palästinas etwas zwischen uns und diesen Bildern. Früher waren sie uns zu italienisch, diesmal waren sie zu abendländisch. Wenn man einmal den Menschen Jesus (ein Wort, das auch im Text der Festpredigt in Jerusalem stand) denken will, so können wir als geschichtlich gebildete, moderne Menschen nichts anderes denken und malen, als den „historischen Christus", das heißt den Sohn der Maria, der in Nazaret, Paneas, Gadara, Capernaum, Nain, Tiberias, Jerusalem und Jericho lebte. Damit ist die dogmatische Frage, was wir über den göttlichen Urgrund seines Wesens glauben, gar nicht berührt. Der orthodoxe wie der liberale Christ und nicht am wenigsten der Theologe, hat das gleiche Bedürfnis nach Anschauung. Er will und muß sich seinen Heiland irgendwie vor Augen stellen. Mit welchem Material und in welcher Art er das bei uns im allgemeinen thut, haben wir eben angedeutet, als wir vom Bilde Abrahams sprachen. Aus bloßen Glaubenssätzen baut sich keine Gestalt auf, mit der unser Geist reden kann. Es ist nicht zufällig, daß das Bedürfnis nach Vorstellungen des „Lebens Jesu" sich einstellt, sobald historische Kritik erwacht. Nun gehen Christen aller Art ins heilige Land: sie möchten den Boden sehen, auf dem Jesus aufwuchs, um dort bestimmtere Anhaltspunkte für einen geschichtlichen Christus zu finden, sie wollen die Reste der Bevölkerung sehen, zu der er gehörte. Es liegt ihnen nichts an den haltlosen Traditionen, die diese oder jene Stelle auszeichnen, sondern an dem Grundcharakter des Lebensgebietes Jesu. Was sagt das Land über ihn? Was sagt es denen, die das neue Testament, die einzige Quelle seines Lebensganges, genau kennen? Giebt es uns festere, bestimmtere Umrisse für ihn? —

Vielleicht kennen die Leser das vor kurzem erschienene interessante Büchlein von Professor von Soden: „Reisebriefe aus Palästina" (Berlin 1898). Ich konnte es vor unserer Orientreise nur flüchtig sehen, habe nun aber auf der Heimkehr noch einmal mit neuer Freude von Sodens Briefe gelesen. Er beschäftigt sich fast ausschließlich mit der religiösen Frage in dem von uns bezeichneten Sinn. Mit Liebe und Sachkunde sucht er die Spuren Jesu. Was er findet, ist aber dennoch wenig, wenig für den, der mit ihm suchen möchte. Selbst ein so für diesen Zweck geeigneter und geschulter Beobachter bereichert das „Leben Jesu" mit wenigen Zügen. Es bleibt eine leere Stelle, die derjenige am meisten als leer empfindet, der den Unterschied des abendländischen und des geschichtlichen Jesus

gemerkt hat. Weder der Berg der Verklärung noch der Ort seines Todes reden von ihm. Das, was wir von Nazaret aus schrieben, wiederholen wir hier als Gesamtergebnis: Erst im heiligen Lande wurde uns völlig klar, wie fern, unerreichbar weit, der geschichtliche Christus liegt. Man weiß kaum zu sagen, inwiefern man die heutige arme, verelendete Bevölkerung Palästinas als ihm verwandt ansehen darf. Viele Worte von ihm würden unter diese heutige Bevölkerung sehr eigentümlich passen: „Gieb dem, der dich bittet, und wende dich nicht von dem, der dir abborgen will", klingt fast unerträglich, wenn man die Bettler vom Ölberg um sich hat. War das Volk, zu dem er diese Worte unsagbarer Milde sprach, anders als das jetzige Volk? Würde er heute zu diesen Leuten ebendiese Worte sagen? „Sehet die Vögel unter dem Himmel an: sie säen nicht, sie ernten nicht, sie sammeln nicht in ihre Scheunen, und euer himmlischer Vater nähret sie doch. Schauet die Lilien auf dem Felde, wie sie wachsen, sie arbeiten nicht, auch spinnen sie nicht, ich aber sage euch, daß auch Salomo in aller seiner Herrlichkeit nicht bekleidet gewesen ist als derselben eine. Darum sollt ihr nicht sorgen und sagen: was werden wir essen, was werden wir trinken, womit werden wir uns kleiden? Nach solchem allen trachten die Heiden; euer himmlischer Vater weiß, daß ihr deß alles bedürfet." Diese Worte wirken, im heutigen Palästina gelesen, sehr stark. Kann Jesus so zu einem Volke gesprochen haben, dem gepredigt werden

Der Berg Tabor.

müßte: Geht hin zu den Kolonien der deutschen Templer und seht, wie sie arbeiten! Euer himmlischer Vater nährt sie, denn sie arbeiten im Schweiße ihres Angesichts, sie ackern tief, machen Wasserleitungen, bauen Wege, sorgen für gesunde Nahrung, verbessern schlechtes Wasser, kleiden sich ordentlich! Oder hatte Jesus ein Volk vor sich, das so im Kulturgetriebe aufging, daß es so starken Gegengewichtes bedurfte, wie er es bietet? Glaubt man, daß Jesus heute ein Freund der türkischen Zollpächter sein könnte, wie er ein Freund der römischen Zöllner war? Oder war es Jesus gleich, was aus dem Land und den Menschen wurde, ihm, dem Meister der Liebe? Aus versunkener Zeit ragt er empor. Wir möchten die Zeit kennen, für die er gegeben war. Um dieser Zeit willen gingen wir nach Palästina. Was wir aber fanden, waren Ruinen von Menschen und Mauern, die längst nicht mehr die Sprache Jesu sprechen. Hier ist er zu suchen, hier aber ist er verloren.

* * *

Es war eines Tages auf dem steinigen Wege von Nablus nach Jerusalem, als ein Mitreitender die Frage aufwarf: Ob Jesus, der, soviel wir wissen, zweimal diese Straße zog, gegangen oder geritten sei. Beides ist möglich. Paulus ritt, und auch Jesus saß bei seinem Einzug nach Jerusalem auf einem Esel. Beides aber, ob er auf diesem Wege ritt oder ging, ist gleich wenig vereinbar mit dem, was wir bisher uns vorstellten, denn der Weg selbst macht den Unterschied. Jesus ging und ritt auf solchen Wegen, ohne etwas zu ihrer Besserung zu thun! Wer nämlich glaubt, diese Wege seien früher besser gewesen, wird eines anderen belehrt, wenn er das Gestein genau betrachtet. Unser bisheriger Jesus ging in einem geordneten Lande. In einem solchen Lande verlangte er den Ausgleich von reich und arm durch Brudergeist. Daß er in einem Lande war, wo die ersten Grundlagen sozialen Fortschrittes fehlten und daß er nicht von der Notwendigkeit solcher Fortschritte redet, wurde mir deutlich, als ich anfing, das Neue Testament mit dem Auge eines Palästinareisenden zu lesen. Es fiel für mich etwas dahin, was mir sehr wert gewesen war: der irdische Helfer, der alle Arten menschlicher Nöte sieht.

Es kann dem Leser wunderbar erscheinen, daß ich eine so tief in das persönliche Glaubensleben eingreifende Folgerung aus einer Sache wie der Frage nach den Wegen zur Zeit Jesu ableite, aber alles, was in Palästina auf die Glaubensauffassung einwirkt, sind äußere Dinge. Das ganze Land hängt von seinen Wegen ab. Wer sozial denken gelernt hat, muß diese Wege als Gegenstand praktisch christlichen Handelns ansehen. Sprach nun Jesus zu diesen Wegen: Geduld? oder sprach er: Erneuerung? Hatte er unser Kulturideal? Hatte er überhaupt ein Kulturideal? Wollte er der Armut Palästinas abhelfen, oder wollte er nur die äußersten Mißstände durch Almosen und Wunder heilen? Bisher sah ich in aller helfenden, organisierenden, sozialen Thätigkeit ein Fortwirken des Lebens Jesu. An dieser Auffassung bleibt immer viel richtig, aber sie hat in Palästina an Sicherheit verloren. Ich habe vor der Palästinareise das Neue Testament mit dem Auge eines Deutschen für Deutschland gelesen, es gehört aber nach Galiläa.

Nicht das Herz Jesu wird kleiner, wenn man ihn sich in Palästina denkt. Sein Herz ist die Liebe zu den Armen, der Kampf gegen die Bedrücker, die Freude am Erwachen der Unmündigen. Nur die Art, wie er seinem Herzen folgte, ist dem menschenfreundlichen Thun unseres Zeitalters ferner als wir dachten. Es ist schwer, sich, wie Kierkegard verlangt, als sein Zeitgenosse zu denken.

* * *

Den Theologen unter den Lesern braucht nicht gesagt zu werden, wie tief die eben berührten Fragen in das eigentlichste Gebiet der heutigen protestantischen Theologie hineinreichen. Die Person Jesu in den Mittelpunkt zu stellen, ist ihre Losung. Um sie in den Mittelpunkt stellen zu können, muß man sie möglichst zu ergründen suchen. An dieser Aufgabe arbeiten alle, die in evangelischer Art wissenschaftlich dem Christenglauben dienen. Man müht sich, um das Evangelium so zu verstehen, wie es entstanden ist. Textkritik, Litterarkritik, Zeitgeschichte, Auslegungsstudium haben den einen Zweck, der Geschichte Jesu und der Apostel so nahe zu kommen wie irgend möglich. Mit hundert Händen sucht die Theologie den einen zu greifen, dem sie dient, aber je mehr sie nach ihm greift, desto mehr merkt sie, wie schwer es ist, ihn geschichtlich zu fassen. Man will Jesus begreifen, indem man das „Milieu" zu verstehen sucht, in dem er lebt. Wie man sonst Helden als Erzeugnisse ihrer Zeit und ihrer Umgebung darstellt, so will man ihn aus seinem Boden und seiner Umgebung werden lassen. Wir sagen nichts gegen diese Methode, aber freilich, die Palästinareise hat uns nicht sehr im Vertrauen zu ihr gestärkt. Der erste tiefste Eindruck des heiligen Landes ist kurz gesagt: Was kann aus Nazaret Gutes kommen? Man sieht lauter Zurückgebliebenheit. Wie soll man aus ihr sich Jesus konstruieren? Der palästinensische Boden giebt dem Suchenden Steine statt Brot. Wir haben alle Hauptorte der Geschichte Jesu gesehen (Capernaum allerdings von fern), was sagten sie uns? Es war ein Schweigen! Sonnenglut auf totem Stein, das war alles. Palästina nimmt uns den deutsch gedachten Jesus und giebt keinen orientalisch verstandenen Jesus dafür. Eine kurze Reise genügt in letzterer Hinsicht gar nicht, und auch längerer Aufenthalt scheint nur gewisse, mehr zufällige Erkenntnisse zu liefern. Die protestantische Theologie steht vor einer Zwangslage: sie muß vorwärts zum historischen Jesus und doch hat sie nicht Kraft genug, so an die Berge Palästinas zu schlagen, daß sie Wasser geben. Giebt es einen geschichtlichen orientalischen Christus, der uns soviel für unsere Seele werden kann, wie es der deutsch gedachte Jesus bietet? Können wir Protestanten dem Denken Halt gebieten, das uns zwingt, auch liebe Traditionen zu opfern, wenn sie nicht wissenschaftlich haltbar sind? Hier liegt die schwere Aufgabe theologischer Jugend. Es wird noch mancher junge Theolog nach Palästina ziehen und länger dort bleiben als kurze Wochen. Viele werden suchen und fragen: wie war der Heiland? Gott segne die Suchenden und lasse an ihnen wahr werden: „Suchet, so werdet ihr finden!" Unser Volk kann nicht los von Jesus. Auch die neue Bildung kann ihn nicht verwerfen. Wie aber soll sie ihn sich denken? Helft doch dem Durste der Seelen, ihr Kenner seines Landes und seiner Worte!

* * *

Es ging nicht dem Verfasser dieser Blätter allein so, daß er sich schwer mit den Eindrücken Palästinas abfinden konnte. Manches Gespräch während des Rittes berührte alte Streitfragen, um sie hier im Lande selbst noch einmal zu erwägen. Die Frage nach dem geschichtlichen Wert der alttestamentlichen Darstellung beschäftigte uns besonders im Gebirge Ephraim und auf dem Garizim. Also hier ist der Schauplatz des „Reiches" Israel und des „Reiches" Juda! Als ob man vom „Reich Anhalt" spräche! Alles rückt zur Kleinheit zusammen. Selbst das Reich Davids von Hebron bis Damaskus ist ein Zwergstaat in unseren Augen. Die Herrlichkeit Salomos ist begrenzt durch die Leistungsfähigkeit des Landes, das wir sehen, Man kann die Wirkung des Besuches des Bodens der alttestamentlichen Ereignisse mit dem Eindruck vergleichen, den etwa der Besucher des Schillerhauses in Weimar hat. Er geht hin, indem er bei sich spricht: Auf, ich werde das Haus des großen Schiller sehen! Steht er nun in diesem Hause mit seinem kleinen und dürftigen Altväterhausrat, dann sagt er: Was? In solcher Hütte sollte Schiller gelebt haben?! Niedergedrückt verläßt er eine Stätte, die seine Empfindungen beleidigt. Auf dem Heimweg aber redet er nochmals mit sich selber: Es war aber doch Schillers Haus, es war es!

Es war in diesem Land, in dieser kleinen und mageren Ecke der Menschenwelt, wo die unvergänglichsten Werke der Religion lebendig wurden. Man lasse einmal alle strittigen Fragen außer Betracht. Ob erst das Gesetz entstand und dann die Propheten oder umgekehrt, ob es von Anfang an ein Centralheiligtum gab oder nicht, ob die Ziffern des Volkes Israel richtig überliefert sein können, ob die zwölf Stämme aus einem einheitlichen Blute stammen, ob alles dieses so ist oder so, — das was unbedingt fest bleibt für jeden Besucher ist: hier entstanden die Psalmen, hier entstanden Menschen wie Jeremias, Amos, Jesaja, hier wuchs zwischen diesen Klippen und Ölbäumen ein Geist, der der ganzen Menschheit sein Gepräge aufdrückt. Von hier aus begann der siegreiche Eroberungszug gegen alle Volksgötter der Heiden. Dieses Land hat genügt, um so großen Geist zu beherbergen. Wunderbar!

Was hat nun eigentlich das Land dazu gethan, daß es solche Söhne aufzog? Soviel wir sehen, sehr wenig. In fast allen neueren Reiseberichten kehren Gedankengänge folgender Art wieder: in der klaren, aller vermittelnden Töne entbehrenden Landschaft Juda mußte ein gesetzesharter Dogmatismus und Pharisäismus entstehen, in der weicheren Landschaft Galiläa mußte ein Boden für Gemütsreligion sein; in Nazaret mußte Jesus tiefe Natureindrücke gewinnen; in Hebron mußte Johannes der Täufer scharfkantig und rücksichtslos werden u. s. w. Wohl kein Reisender entgeht der Versuchung, solche Zusammenhänge zu konstruieren, auch ich habe gelegentlich über den Propheten Elias etwas ähnliches geschrieben. Beim Rückblick auf das Ganze scheint es mir aber, daß man solche Art von Gedankengängen gering ansetzen muß. Ohne das Recht dieser Methode zu bestreiten, sind wir auf der Palästinareise gegen ihre gewohnheitsmäßige Durchführung mißtrauisch geworden. Was für Menschen müßte denn dann dieses Land heute hervorbringen? Was für Leute müßten dann im Libanon wohnen? Insbesondere aber darf man nicht vergessen, wie wenig in den alten Schriften gerade auf diejenigen landschaftlichen Stimmungen Rücksicht genommen wird, die der jetzige europäische Reisende im heiligen Lande sucht. Jesus redet von der Lilie (Anemone) auf dem Felde, aber von den für uns Nordländer berauschenden Sonnenlichtern auf den Bergen am galiläischen Meer, vom Prachtgewand des blauen Karmel, von der Aussicht des Garizim, vom Gebirge Moab, redet weder er, noch irgend einer der Apostel und Propheten. Unsere ganze Art und Weise Natur zu sehen, ist modern, und es ist falsch, sie in ferne Tage zu versetzen. Eine Abhängigkeit Jesu von den Gefilden Galiläas, wie sie etwa Renan schildert, ist nicht als Bestandteil des historischen Christus anzusehen. Im Gegenteil gehört es zu unseren wehmütigen Erlebnissen, daß uns im heiligen Lande deutlich wurde, wie fern Jesus einer modernen, landschaftlich künstlerischen Auffassung steht. Er sah dieselben Berge wie wir, aber seine Augen waren ganz anders. Wer wird uns diese Augen beschreiben, wie sie waren?

* * *

Jesus ist die Seele Palästinas; Palästina aber hat seine Seele aufgegeben und ist daran gestorben. Heute liegt es „unter dem Fluche". Wo fromme fleißige Württemberger ihren Spaten führen, grünt das Land, sonst aber ist es eine steinerne Wüste. Es ist nicht nur das allgemeine Schicksal der ruinenhaft gewordenen Mittelmeerländer, an dem Palästina mit zu tragen hat, sondern außer dieser allgemeinen Last trägt es seine besondere Bürde: Wehe dir Chorazim, wehe dir Capernaum, wehe dir Jerusalem! Ein hochbegnadigtes Volk konnte trotz seines kleinen Landes und seiner mageren Berge eine Heldengröße im Geistesleben der Menschheit erringen, wenn es im entscheidenden Moment seinen größten Sohn nicht gekreuzigt hätte. Sie wollten Juden bleiben, als Jesus sie zu Gotteskindern machen wollte. Ihre Zähigkeit im Alten war ihre Sünde. Kein Stein vom alten Israelitertum blieb auf dem andern. Blasse, hungrige Gestalten sitzen als Söhne Abrahams über dem Schutt der Mauern Davids. Sie haben ihren Jesus in den Tod gestoßen und damit Zion zur Klagemauer gemacht. Jesus aber wurde von anderen aufgenommen. Selig sind unsere Väter, weil sie diesem Fremdling vom Jordan die Thür aufmachten! Niemand kann eine volle Ahnung von dem haben, was dieser Sohn Nazarets den Germanen geworden ist. Sie machten ihn zu dem ihrigen. Alle tieferen geistigen Bewegungen unseres Volkes führen zu ihm zurück. Wie könnte es eine deutsche Geistesgeschichte geben, die nicht von dem Heiligen redete, der am Kreuze hing und von Golgatha über Antiochien, Byzanz und Rom nach Wittenberg gewandert kam? Wenn es uns bisher nicht an Jesus störte, daß er in einem Stall geboren ist, so soll es uns auch weiterhin nicht an ihm irre machen, daß er in Palästina lebte. Es ist nicht leicht, Palästina gesehen zu haben und Glauben zu behalten. Warum es schwer ist, versuchten wir zu sagen. Aus der Enttäuschung aber ringt sich ein „dennoch" los. Es giebt keinen anderen Heiland als den aus Palästina. Wie wir beim Abschied von Jerusalem schrieben, sagen wir auch hier: Herr, wohin sollen wir gehen? Du hast Worte des ewigen Lebens, und wir haben geglaubt und erkannt, daß du, der Asiat, der Sohn jener fremden staubigen und dürren Erde, daß du bist Christus, der Sohn des lebendigen Gottes!

Einem aufstrebenden, hoffnungsfrohen Volke wie dem unsrigen liegt es nahe, sich seine eigene Weltanschauung zu machen. „Warum, so heißt es, sollen wir eine asiatische Religion mit konstantinopolitanischem Dogma behalten? Auf, laßt uns das Fremde von uns werfen und zu den Naturgedanken unserer vom Jordanwasser noch unberührten Ahnen zurückkehren. Gerade am Jordan bekommen solche Ideen eines reinen Deutschtums bisweilen große Kraft. Man fühlt sich innerlich so verlassen in dem Lande des verlorenen Grabes Jesu, daß man mit Lust an die alten deutschen Heiligtümer denkt, den „Jordan"-See (Herthasee) auf Wollin und den Freibergsee bei Oberstdorf im Allgäu. Was sind das doch für andere Plätze als das Thal Kidron und selbst, man verzeihe! als der See Genezaret! Nicht nur einmal wurde in Palästina an Paul de Lagarde gedacht und seinen Traum eines wiedererwachten altdeutschen Glaubens. Kann es ein solches Wiedererwachen geben? Nein! die gestorbenen Götter werden nie, nie wieder lebendig. Wuotan und sein Heer liegt so sicher im Grabe der Vergessenheit wie Baal und Astarte. Wir haben Jesus, wir behalten ihn. Die Schwierigkeiten, die darin liegen, daß er ein Fremdling aus einer vergangenen Völkerwelt ist, müssen wir überwinden. Hinter Jesus giebt es keine neue Religion wieder, sondern nur religiösen Verfall. Er war das Ende der Volksreligionen so gut wie Buddha für Indien und China. Zwischen Jesus und Buddha schob sich Muhammed. Nur diese drei kämpfen im Grunde den Religionskampf der Weltgeschichte. Unsere Stellung in diesem Kampfe ist festgelegt. Der Deutsche hat sich seit tausend Jahren für Jesus erklärt, er wird und muß für ihn kämpfen. Wie unser Kaiser sich in Bethlehem und Jerusalem zu Jesus Christus bekannte, so thut es der Geist seines Volkes. Wir wollen, wenn es nötig ist, das heilige Grab den Türken lassen, aber von der heiligen Seele Jesu wollen wir nicht aufhören zu zehren. Jesus Christus, gestern und heute und derselbe in Ewigkeit! —

* * *

Langsam wendet sich, während wir solcher Dinge gedenken, die Reise der Heimat zu. An der Riviera leuchtet noch einmal die ganze Pracht einer nicht vertrockneten südlichen Natur. Unter allem schönen ist die Küste Oberitaliens für deutsche Augen doch vielleicht das allerschönste. Sie ist fremd und heimatlich zugleich, und vor allem: sie ist grün, saftig, sonnig, blinkend, bezaubernd. Mailand und der Gardasee gaben Stationen der Acclimatisierung, aber wozu davon jetzt erzählen? Das, was wir schreiben, heißt „Asia", es gilt dem Osten, und es bleibt noch viel zu arbeiten, wenn wir kurz und knapp zu sagen versuchen, mit welchen politischen Gedanken wir heimkehren. Natürlich entstehen politische Gedanken nicht aus bloßer Reisekenntnis. Was die Reise in dieser Hinsicht bietet, ist nur Weckung und Bereicherung vorhandener historisch-politischer Anschauungen. Man prüft seinen inneren Bestand an dem, was man sieht. So ging es uns in Religionssachen, so auch steht es in Politik. Religion übrigens bedeutet ja dem Bewohner des türkischen Reiches politisch mehr als uns. Der Satz „Religion ist Privatsache" ist für jene Länder etwas undenkbares. Religion ist dort Stammessache, Rassensache. Wer seine Religionszugehörigkeit aufgiebt, opfert seine Abkunft. Nichts würde falscher sein, als das Wesen dieser Art von Religion allein in gewissen Glaubenssätzen zu finden. Die Glaubenssätze können im Laufe der Zeit sich ändern (es geschieht zwar auch dieses kaum), das Bleibende ist, daß der Osmane als Osmane Muhammedaner, der Jude als Jude Israelit, der Armenier als Armenier Christ ist. So wenig es eine rein theologische Sache war, wenn von den deutschen Stämmen die Goten Arianer waren und die Franken Athanasianer, so wenig ist mit etwas Dogmengeschichte der Lebensunterschied der Religionsgemeinschaften im Orient erklärt. Wie im Alten Testament die Moabitin Ruth ihren Übergang ins israelitische Volk

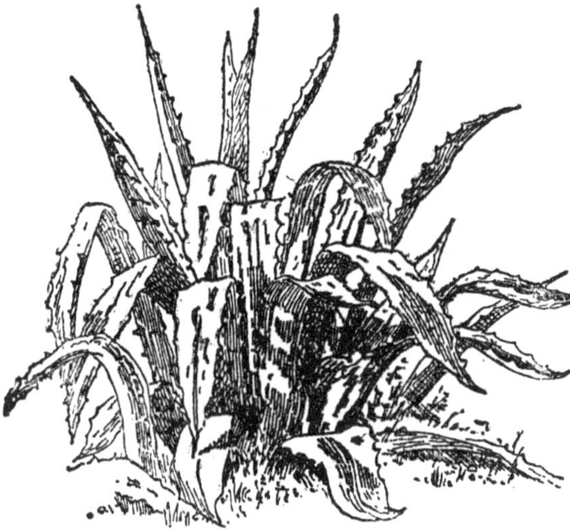

Religion und Volkstum.

mit den Worten vollzieht „dein Gott ist mein Gott", so bedeutet beispielsweise der freiwillige oder erzwungene Übertritt eines Syrers oder Armeniers zum Muhammedanismus nicht etwa nur dasselbe, wie wenn etwa ein moderner Katholik protestantisch wird. Sobald er den Islam annimmt, wird er Verehrer des Kalifen, Mitglied der Türkenschicht, militärpflichtig. Er verleugnet sein Volk, nicht nur seine Überzeugungen. Der Übertritt ist ein ebenso politischer wie religiöser Akt. Und wenn gar ein Mitglied des herrschenden Systems, des Muhammedanismus, christlich wird, dann begeht es ein Verbrechen in den Augen seiner bisherigen Umgebung. Als ich den ehrwürdigen evangelischen Missionar Fallscheer in Nablus fragte, ob er auch Muhammedaner für seine Gemeinde gewinne, sah er mich an, als ob er ein thörichtes Kind vor sich habe: „Die würden ja getödtet, ehe sie zu uns kämen." Von katholischen Missionaren erfuhr ich, daß sie etwa übertretende Muhammedaner sofort in ein anderes Land schaffen, um sie am Leben zu erhalten. Mit dem Worte „religiöser Fanatismus" ist aber dieser Zustand nicht immer richtig bezeichnet. Im Wort Fanatismus liegt Leidenschaft, diese aber braucht bei der Selbsterhaltungssucht der einzelnen Nationen nicht immer vorhanden zu sein. Müde, traurig, pessimistisch kann eine Pflicht erfüllt werden, die man von den Jahrtausenden geerbt hat, die Pflicht, das Blut zu erhalten.

* * *

Schon an diesem einen Punkte fühlt der Europäer, wie wenig richtig es ist, wenn er seine fertigen Begriffe ohne weiteres auf das Morgenland überträgt. Wir können ohne eingehendes geschichtliches Nachdenken den Zustand des türkischen Reiches überhaupt nicht verstehen. Das meiste, was wir heute in der Türkei treffen, haben wir vor langer Zeit auch einmal gehabt. Natürlich sah es in unseren Wäldern und Sümpfen anders aus, als auf den kahlen Bergen Syriens, aber im Grunde sind die Dinge dort ein Stück Vergangenheit, das auch wir kannten. Ist nicht auch unser Boden getränkt vom Blute der Religionskriege? War nicht auch unser römisches Reich deutscher Nation etwas ähnlicher wie dort das römische

Reich osmanischer Herrschaft? Wir waren im Gebiet der Slaven ein Herrenvolk, wie die Türken im Gebiet der unterworfenen Völker, und wer bei uns Augen hat, zu sehen, findet die Nachwirkungen der Zeit, wo der deutsche Kaiser eine erobernde Kriegerkaste nach dem Osten und nach Italien schickte, noch heute in den Zuständen Ostdeutschlands und Österreichs. Der Nationalitätenhader in Österreich ist auf etwas erhöhter Kulturstufe derselbe Vorgang, der in der Türkei sich als Lostrennung der Griechen, Bulgaren, Serben, Armenier zeigt, und unsere Polenfrage hat noch heute Verwandtschaft mit den Wirren in der Türkei. Uns ist es gelungen, mehr Slaven zu germanisieren, als es den Osmanen gelang, Syrer und Armenier zu muhammedanisieren, aber auch bei uns war politisches Vordringen und Bekehrung gemeinsam. Ostpreußen ist nicht nach einem viel anderen System deutsch geworden als Syrien muhammedanisch. Jetzt, wo wir unsere Vergangenheit vergessen haben, ist es eine leichte Sache, uns über den Türken zu entrüsten, wenn er bisweilen sucht, in Art der Habsburger und Wittelsbacher den alten deutschen staatsrechtlichen Satz zu verwirklichen: cuius regio eius religio: der Landesherr bestimmt den Glauben.

* * *

Um das ganze Mittelmeer herum liegen die Trümmer des alten römischen Reiches. Dieses Reich war der größte Versuch der internationalen Herrschaft vor dem jetzigen englischen Imperium. Von Rom aus beherrschte ein strammes, militärtüchtiges Herrenvolk die Herde der Unterworfenen von den Säulen des Herkules bis zum Hochland von Iran, von der Sahara bis zur Nordsee. Der Geist dieses alten gewaltigen Reiches läßt sich mit dem Wort „griechisch-römische Kultur" aussprechen. Man trug die Götter der Völker nach Rom und trug das Standbild des Kaisers zu den Barbaren. Baalbek, Tiberias, Cäsarea, Alexandrien waren Orte der damaligen Weltkultur, die die Nationalkultur verschlingen wollte. Die Sprachen der Unterworfenen wurden zu Dialekten herabgedrückt gegenüber den damals modernen Weltsprachen der Griechen und Römer. Der ewige

Friede schien zu kommen, wenn es gelang, dies Riesenreich zu erhalten. Die Völkerindividualität wurde bleichsüchtig. Auch die Griechen verloren ihren Charakter, wie vielmehr die Orientvölker! Der Jude behielt ein Stück seines alten Wesens, aber die staatenbildende Kraft verlor er mit der Syrern und Phöniziern zugleich. Der Ägypter gab die eigene alte Kultur preis. Seine Königsmumien schliefen unverstanden einen tausendjährigen Schlaf. Alles sollte zu neuer Einheit umgeschmolzen werden, aber ehe die Einheit kam, krachte der Römerbau an allen Ecken. Er schuf kein neues Volk aus hundert Völkern, sondern als Rom zerbrach, krochen die alten Völker unter den Ruinen wieder hervor. Langsam sah man sie aus dem Schutt herauskommen, ihre Glieder waren zerstoßen, ihre Wangen hager, ihr Auge stumpf und ihre Knie wankten. Sie waren Knechte gewesen, nun waren sie entlassene Knechte ohne Besitz und Beruf. Sie waren nicht mehr, was sie einst gewesen waren, sie wußten nicht, was sie werden sollten, selber nicht anders als die zerbrochenen Steine auf der Akropolis und in Baalbek.

Von da an liegen die Ruinen der Völker und warten der Baumeister, die an ihnen herum hämmern. Ohne das vorhergehende Römerreich versteht man weder die arabische noch die osmanische Herrschaftsperiode. Araber und Osmanen waren politisch betrachtet Erben der Römer. Sie erbten die Zerbrochenheit der unterworfenen Völker. Daher hatten sie schnelle Erfolge in ihren Anfängen. Wo Rom schon einmal erobert hat, können es andere nach ihm. Aber freilich, wo soviel Schutt liegt, wie auf dem Trümmerfeld der Römerherrschaft, ist es schwer aus dem Staub und der Ruinenhaftigkeit herauszukommen. Leichter war es, das wilde Nordamerika in wenigen Jahrhunderten zum Kulturland zu machen, als die Länder der zerbrochenen alten Kultur, eine geschichtliche Thatsache, die wir nicht vergessen dürfen, wenn wir uns jetzt unter die lachenden und streitenden Erben der Chinesen stellen. Auch dort wird viel Schutt übrig bleiben, wenn die Herrschaft von Peking fällt.

* * *

Was ist eine Ruine? Ein Grabmal menschlicher Schaffenskraft! Einst, so sagt eine Ruine, waren hier Leute, die etwas leisteten, einst, nicht jetzt. Was wir in Deutschland an Ruinen haben, bedeutet nichts. Wir halten uns zum Vergnügen etliche Ruinen, wie man ausgestorbene Tierarten im zoologischen Garten hält. Auch wir hatten aber wirkliche Ruinen, als der dreißigjährige Krieg das Mittelalter blutig beendete. Unser Volk hat seine Ruinen überwunden, die Italiener legen alle Hände an, aus ihren Ruinen herauszukommen, schwer genug für sie. Konstantinopel hat wenig Ruinen, aber Syrien, Palästina ist Ruinenland. Hier gehört der Zerfall zur Landschaft! Wer soll hier alles aufbauen, was gefallen ist? Niemand braucht soviel Steine, als zerstreut umherliegen. Der Brunnen des Lebens ist versiegt, die Bevölkerung nimmt nicht zu, sie denkt nichts neues, sie sitzt wie eine Schar von Klageweibern zwischen den steinernen Gräbern. Es war einmal, es war — es war. —

* * *

Überwachsene Ruinen sind weniger niederdrückend für die Lebendigen, als Ruinen ohne Moos, Epheu, Farrenkraut und Waldrebe. Die Ruine des Orients ist kahl, ohne Gabe fürs Gemüt, kahl wie der Libanon, die Berge Galiläas, das Gebirge Gilboa, das Gebirge Ephraim, das Gebirge Juda, das Gebirge Moab und der Mokattam bei Kairo. Auch diese Berge sind in ihrer Art Ruinen, mehr noch als die Berge Italiens und auch wohl Griechenlands. Als ich bei der Heimkehr westlich von Genua auf der Guardia stand, fragte mich meine Begleiterin: „Sind nun die Berge in Palästina ebenso kahl?" Und ich antwortete: „Längst nicht so grün!" Um sich von der Ödigkeit der Palästinaberge einen Begriff zu machen, muß man schon Hochalpengebiet vor Augen haben. Die Ödigkeit kann im Sonnenlicht erhaben schön sein, aber von Lichteffekten auf kahlen Bergen kann kein Volk leben. Ein kahler Berg ist aber meist ein Stück trauriger Menschengeschichte, denn meist hatte er eine Zeit, wo auch er grünte und blühte. Sicher ist, daß alle Berge Südeuropas einstmals bewaldet waren, von Kleinasien ist es wahrscheinlich, vom Libanon ist es

bestimmt überliefert. Wie es mit den Bergen in Palästina stand, ist schwer zu sagen. So arm an Vegetation wie heute waren sie nicht immer, aber freilich dichten Wald hatten sie kaum jemals. Man müßte sonst heute den Humus noch finden. Dürftiger, ausgetrockneter Wald ist leicht tot zu machen, und alte, matte Völker haben nun einmal die greisenhafte Leidenschaft des Waldtötens. Überall, wo die Ruinen des Römerreiches liegen, fehlt der Wald. Um Waldbestande kann man Sterben und Auferstehen der Völker beobachten. Wo sich auf dem alten Römergebiet neues Leben regt, fängt auch der Wald wieder an. Zwischen Athen und Patras und im südlichen Serbien, sind, wie wir hörten, Stellen, die den Beweis der Möglichkeit der Aufforstung bringen. Sobald die Menschen wieder über die Ziegenkultur heraufsteigen, geht ein Frühling durch die Baumreste. Ziegenkultur ist baumfeindlich, sie ist die Armut selber.

Es ist eine interessante Sache, den Menschen in seinem Verhältnis zu Baum und Haustier zu beobachten. Gesunde, wachsende, junge Völker lieben und schonen Baum und Tier. Der Franzose erbarmt sich im allgemeinen seines Viehes weniger als der Deutsche, der Spanier weniger als der Franzose. Im armen, alt gewordenen Orient haben es die Tiere schlecht. Wieviel Pferde mit offenen Wunden habe ich gesehen! Eine edle, vorzügliche Rasse wird traurig gehalten. Wo der Mensch herunterkommt, fängt um ihn herum das Seufzen der Kreatur an merkbar zu werden. Paulus sprach ein feines, tiefsinniges Wort, als er sagte, daß auch die Kreatur warte auf die Erlösung der Kinder Gottes.

Ohne guten Viehbestand ist aber ein Gedeihen von Ländern ohne moderne Industriewirtschaft ganz unmöglich. Auch in Industrieländern kann man in dieser Hinsicht nicht sorgsam genug sein. Ein Volk, das

Seufzende Kreatur.

sein Vieh verderben läßt, ist so verlodbert wie ein Volk, das seine Brunnen verschüttet. Beides thut der Orientale. Er treibt geringe Ochsen und Schafe auf eine Weide, bei der die alte Wasserleitung zerfallen ist. Der Aufenthalt in Palästina macht darum den Eindruck, den man beim Besuche einer unendlich verkommenen Bauernwirtschaft auf dürrem, geringem Boden hat. Das ist der wirtschaftliche Leidensprozeß, der mit dem politischen Untergange der Orientvölker zusammenhängt. Wo Roms Fuß gestanden hat, wächst kein Gras mehr, es sei denn, daß neue Lebensfülle die alten Rinnsale belebt. Das aber war mehr, als die Muhammedaner leisten konnten. Sie waren Nomaden, Barbaren, Eroberer. Wo sie ein Lager fanden, legten sie sich hinein. Wo sie Knechte fanden, ließen sie diese für sich frohnden. Wo sie Kirchen fanden, machten sie Moscheen daraus. Sie zogen in das christlich gewordene Römerhaus ein, hingen ihre Waffen an die Wand, breiteten ihren Gebetsteppich aus, ließen sich die Kleinodien der vorhergehenden Besitzer bringen, waren aber nicht imstande, eine Wiedergeburt der sterbenden Völker herbeizuführen.

* * *

Es hätte wenig Zweck, wenn wir uns hier länger mit der Araberherrschaft beschäftigen wollten, die für Syrien und Palästina zwischen Römertum und Osmanenherrschaft in der Mitte liegt. Diese Herrschaft begründete den Muhammedanismus dieser Länder. Damaskus war ein großer Sitz arabischer Pracht, Größe und Gelehrsamkeit; doch was ist von dem allen geblieben? Verblühte Schönheit, Asche zur Asche, Staub zum Staube! Einige große Moscheen reden noch von den Kalifen von Damaskus, aber gerade sie sind nicht ohne römische Einflüsse und Grundlagen entstanden. Was der Araber nicht halten konnte, nahm der Osmane, er nahm auch, was dem Araber unerreichbar war, Konstantinopel, das neue Rom. Von Hochasien her stammend, in Kleinasien zum Militärstaat geworden, eroberte das türkische Staatswesen einen Umfang, den kein anderes mittelalterliches Reich hatte, auch nicht das deutsche Kaisertum. Der deutsche Kaiser war der Eroberer von Rom, der Türkensultan war der Eroberer von Konstantinopel, während aber der deutsche Kaiser in Rom ein Fremdling blieb, machte sich der Türkensultan in Konstantinopel heimisch. Die alte deutsche Macht zerfiel schwer und langsam in die Teile: Holland, Belgien, neues deutsches Reich, Österreich, Ungarn, Italien. Ob der Zerfall schon ganz beendet ist, kann niemand sagen. Wir erinnerten schon einmal an die Lage in Österreich. Aus dem Zerfall der alten deutschen Macht hat sich das neue deutsche Kaisertum emporgehoben. Der Zerfall des Türkenreiches begann später und ist jetzt noch in vollem Gange. Diesen Zerfall zu verstehen, heißt den Kern der orientalischen Frage begreifen.

* *

Als die Türken im Jahre 1683 zum letzten Male vor Wien standen, besaßen sie Ungarn, Slavonien, Banat, Herzegowina, Serbien, Albanien, Mazedonien, Griechenland, Rumelien, Bulgarien, Rumänien, Bessarabien, ganz Südrußland, die Kaukasusländer, Kleinasien, Armenien, Mesopotamien, Syrien, Arabien, Ägypten, Nordafrika mit Tunis. Die Donau, der Euphrat, der Nil waren türkische Flüsse, das schwarze Meer war ein vollständig türkischer See, die östliche Hälfte des Mittelmeeres war ihnen unterthan. Natürlich war dieses gewaltige Reich kein Staat im Sinne unserer modernen Staaten, sondern ein mittelalterlicher Staat, bei dem die Centralleitung zufrieden ist, wenn sie Truppen und Steuern aus den Provinzen erheben kann, um dafür den Schutz und die Ausdehnung des Gesamtkörpers zu übernehmen. Vor genau 200 Jahren fing dieser große Bau an zu wanken. Es war eine Koalition von vier Mächten, die im Jahre 1699 den Frieden von Carlowitz erzwangen: Rußland, Österreich, Polen und Venetien. Zwei von diesen vier Mächten sind zerbrochen, ehe sie das Ende ihres nun ohnmächtigen Gegners sahen. Polen und Venetien verschwanden vom Schauplatz der Geschichte, aber zäh, ausdauernd kämpften Rußland und Österreich in der Richtung auf Konstantinopel vorwärts. Immer hatten sie denselben Gegner, und immer waren sie doch dabei Rivalen. Man denke sich das jetzige England als Türkei und Rußland, Deutschland, Frankreich und Österreich als den Vierbund, der sie zerlegen will. Kürzer als die Geschichte des türkischen Reiches wird die Geschichte des englischen Reiches nicht werden, und es ist möglich, daß auch aus dem neuen Vierbund Staaten hinwegsterben, ehe sie das Ende ihres Gegners vor Augen haben. Es hat ungeheure Mühe gekostet, die Türkei, den ersten Militärstaat ihres Zeitalters, zu besiegen. Die Janitscharen waren gegenüber den locker gefügten Heeren des europäischen Westens eine furchtbare Macht. Aber schließlich war die türkische Energie zu Ende. Der wilde Mann wurde zum kranken Mann. Der Halbmond wich dem Kreuze, das er vorher verdrängt hatte. Heute dreht es sich nicht mehr darum, ob die Erde türkisch werden soll, es fragt sich nur, ob der europäische Kriegsrat den Türken völlig vernichten will oder nicht.

Wer gefühlvoll ist, kann die Türken bemitleiden, falls er sich nicht lieber der Schadenfreude zuwendet. Beides ist in gleicher Weise unschädlich. Der Türke hat in der Weltgeschichte soviel gehabt, als er überhaupt gewinnen konnte. Er war eine Zeit lang groß. Und dauernd groß zu sein, dazu fehlten ihm die inneren Eigenschaften. Nur ein Volk von unerhörtester geistiger und sittlicher Tüchtigkeit hätte den Völkerkreis von Wien bis Mekka zu einem wirklichen Staate umschaffen können. Ein solches Volk waren die Osmanen nicht. Sie waren wie ältere Offiziere, die, im Civildienst verwendet, zwar eine gewisse Routine des Kommandierens besitzen, aber auch nicht mehr. Für Verwaltungstechnik fehlte ihnen völlig der Sinn. Sie können nicht neu organisieren, ihre Betriebe sind Kleinbetriebe, und sie taugen in der Industrie und im Großhandel nicht zur Leitung. Wo sie organisieren mußten, nahmen sie entweder alte römische Organisationsformen oder borgten sich Organisatoren von dem inzwischen modern gewordenen Abendland. Moltke und seine Nachfolger ordneten ihnen das moderne Heer und Geheimrat Wettenstein die Finanzen.

Wenn alte Herrscherschichten sich neuen Wirtschaftsformen gegenüberstehen, versagt oft ihr Können. Auch wir erleben, daß Großgrundbesitzer den Übergang zur modernen kaufmännischen Landwirtschaft nicht finden können und darum nobel, aber hilflos zu Grunde gehen. Es paßt ihnen eben nicht in ihren Kopf, daß sie, die Herren, auch noch anders werden müssen. Ihr Grundgedanke ist: Wir waren groß, wir sind groß, wir müssen es deshalb auch bleiben. Überall in der Türkei hörte man von solchem, mit den wirklichen Verhältnissen schlecht stimmendem Selbstgefühl der Osmanen. Die Deutschen in Konstantinopel sprechen vom Türken mit einer gewissen spöttischen Anerkennung: ein guter Kerl, nobel, leichtsinnig, faul, kein Held und kein Staatsmann. Naturanlage und Religion helfen sich gegenseitig, wenn es gilt, einen Volltürken herzustellen. Was sie zusammen fertig bringen, ist alles andere, nur kein betriebsamer, findiger, schlauer Mensch im Sinne des neueren Weltverkehrs. In dieser Hinsicht sind die gebildeteren Glieder der unterworfenen Völker ihren Herren vielfach überlegen.

Wenn man diese Charakteranlage des Türken berücksichtigt, begreift man doppelt, daß er nicht imstande war, den Umschwung des Völkerverkehrs zu überdauern, der sich mit der Entdeckung des Seeweges nach Ostindien einstellte. Die Karawanenstraßen von Asien nach Konstantinopel verödeten, und die Türkei kam auf längere Zeit in den stillsten Winkel der Weltgeschichte zu liegen. Erst der Suezkanal änderte ihre abgeschlossene Lage gründlich, aber es waren eben keine Türken, die diese Änderung herbeiführten und für sich ausnutzten. Von Verkehrspolitik haben sie keine Ahnung. Was bei ihnen an Eisenbahnen gebaut ist, entstammt westeuropäischer Anregung. Dem Türken wäre es am liebsten, wenn er keine Lokomotive zu sehen brauchte. Wir erinnern nur an die immer noch ausstehende Konzession zum Weiterbau der anatolischen Bahn. Was sich bei uns an verkehrsscheuer, großväterlicher Stimmung nur selten in kleinen agrarischen Blättern noch ans Tageslicht wagt, ist dort allgemeine Meinung. Man will decentralisiert bleiben, sich in seiner Naturalwirtschaft nicht stören lassen. Mittelalter!

* * *

Die alten Römer hatten das System der Steuerpächter, das schon vor fast 2000 Jahren auf den besiegten Völkern am Mittelmeer lastete.

Dieses System ist heute noch da. Um einen Vergleich zu brauchen: in Frankreich erschüttert ein Regierungswechsel den Staat verhältnismäßig wenig, weil die Staatsmaschine in ihren unteren Teilen gleichmäßig weiter arbeitet, mag in Paris oder Versailles ein Bourbone, ein Napoleon oder ein republikanischer Präsident sitzen. So blieb im Orient die Grundlage der Verwaltung durch Jahrtausende gleich, mochte ein Justinian, ein Saladin oder ein Abdul Hamid regieren. Den Römertrieb, wie ihn jetzt Russen und Engländer haben, die Erde römisch, russisch oder englisch zu gestalten, hat der Türke immer nur in sehr geringem Maße gehabt. Er wollte siegen, leben und leben lassen. Niemals hat er es zu einer eigenen türkischen Staatsverwaltungspraxis gebracht.

Wenn die Römer ihre Steuern durch Steuerpächter erheben ließen, so thaten sie es aus dem Grunde, daß sich mit Naturalwirtschaft kaum ein anderes System verträgt. Es ist ja die Eigentümlichkeit der Naturalwirtschaft, daß die Früchte des Bodens nicht verkauft, sondern im allgemeinen selbst verzehrt werden. Der Bauer, und der Bauer ist in allen naturalwirtschaftlichen Ländern die übergroße Menge des Volkes, lebt von Getreide, Fleisch, Obst, Milch ohne Geld. Wenn er zahlen soll, so giebt er den „Zehnten" in Naturalien. Geldsteuern kann er nicht geben. Diese Naturalsteuer hat den Vorzug, gerechter zu sein als Grundsteuer und Hypothekenzinsen, da sie bei guter Ernte groß und bei geringer Ernte klein sein kann. Aber was soll der Staat mit den Naturalien machen? Er braucht Händler, um alles Obst und Korn wieder los zu werden, denn er, der Staat, treibt Geldwirtschaft. Er kann seine Schuldzinsen, Waffen, Gehälter nicht direkt mit den eingenommenen Gütern bezahlen. Unter allen Umständen wird bei solchem Verhältnis der Steuerhändler zur wichtigen Person. Sobald kein tadelloses, ehrliches, strenges Beamtentum ihn zügelt, wird er zum Spekulanten und Ausbeuter. Nun denke man daran, daß es ein hochstehendes, leistungsfähiges Beamtentum in unserem Sinne in der Türkei nicht giebt. Was soll selbst ein reformfreundlicher Sultan eigentlich machen, um diese Dinge mit seinem Menschenmaterial zu bessern?

Auch auf dem Gebiete der Justiz ist ein wirklich türkisches Recht nicht vorhanden. Das geistliche Recht des Korans gilt zuerst nur für die Muhammedaner und ist, soviel uns gesagt wurde, weniger gut durchgebildet als das kanonische Recht des katholischen abendländischen Mittelalters. Neben ihm wuchert allerlei Provinzialrecht, Tradition, Willkür und barbarisches Naturrecht, überall gemildert durch Rücksichten und Bakschisch, bunt durcheinander. In Palästina beispielsweise besteht noch heute die älteste Form der Blutrache unter staatlicher Duldung. Als wir von Nazaret nach Jerusalem ritten, frug ich unseren schon erwähnten vortrefflichen Führer Baldensperger: „Was würde geschehen, wenn jetzt einer von uns erschossen würde?“ Die Frage ist innerhalb des heiligen Landes nicht ganz so verwunderlich, wie innerhalb Deutschlands. Baldensperger sagte: „Ganz einfach! Man wird zwanzig oder mehr Männer einsperren und schinden, bis man den Schuldigen hat. Kann man ihn aber nicht finden, so straft man vier oder fünf beliebige Leute, denn Strafe muß sein.“ Ohne Zweifel entsprach die Antwort der in der asiatischen Türkei vorhandenen Rechtslage. Wie soll man auch zwischen dem Karmel und dem Gebirge Moab immer gerade den ergreifen können, der etwas verbrochen hat?

* * *

Es giebt im türkischen Reiche ein Wort von gefährlichem Klang, ein Wort wie Pulver und Zündfaden. Wenn abendländische Mächte die Türkei unter dem Schein der ehrenwertesten Biederkeit plagen wollen, dann brauchen sie dieses Wort. Immer, wenn der kranke Mann einen Arzt holt, verordnet dieser „Reformen“. Der Kranke fühlt aber, daß er diese Medizin nicht verträgt. Er sagt: „Jawohl, Herr Doktor!“ schüttet aber die abendländischen Tropfen dann in den Bosporus.

* * *

Man sagt, daß am Zurückgehen des Osmanentums die Vielweiberei schuld ist. Über keinen Punkt des Türkenlebens kann der Abendländer schwerer eine bestimmte Ansicht gewinnen als über diesen. Es ist sehr leicht und sehr zwecklos, auf einer Seite eine tadellose deutsche bürgerliche Familie und auf der anderen Seite einen verlodderten Harem eines orientalischen Paschas zu malen. Erst wenn man die dunklen Begleiterscheinungen unseres Ehelebens, die Entwürdigung der zahllosen gekauften deutschen Weiber einerseits und die relative Ordnung des kleinbürgerlichen muhammedanischen Haushaltes andererseits hinzurechnet, darf man sich an den Vergleich herannahen. Er fällt trotz allem und allem unbedingt zu Gunsten der christlichen Einehe aus. Auch wenn man zugiebt, daß die Türkenehen, wenn sie Einehen wären, kaum besser gehalten würden, als etwa italienische oder griechische Einehen, so würde selbst ein Volk mit den lockeren Einehen der christlichen Mittelmeervölker mehr Aussicht auf fortdauernde Lebenskraft haben als ein Volk, in dem die Vielweiberei die Achtung vor dem Leben kommender Geschlechter grundsätzlich verdirbt. Auch Spanien und Frankreich haben die dem kräftigen Menschentum von Gott eingepflanzte Freude am wachsenden Kindersegen verloren und selbst bei uns ist in dieser Richtung nicht mehr alles, wie es sein sollte, aber Völker mit Einehe gehen wenigstens langsamer zurück als solche mit Vielweiberei. Auch für sie kann eine Zeit kommen, wo das lebendige Wasser des Volkstums nicht mehr quillt, aber so schnell wie das Osmanentum welkt kein christliches Volk. Es stieg auf wie im Rausche und sank dann zusammen wie ein Mensch am Morgen nach einem Exzeß.

Es ist für uns merkwürdig, daß die Vielweiberei auch unter ernsten Menschen wohlwollende Beurteiler gefunden hat, da wir sie gewöhnlich nur im Vergleich mit unseren besseren Einrichtungen ansehen. Wer sich aber sagt, daß die Vielweiberei eine Verdrängung der Sklaverei zwar nicht immer, aber vielfach ist, bekommt ein Auge für den inneren Grund der großen muhammedanischen Erfolge in Afrika. Wo nämlich Lohnarbeit und freier Arbeitsvertrag noch völlig fehlt, giebt es für die überzählige Frau nur die Wahl zwischen Sklavenverhältnis oder erweitertem Eheverhältnis. Die Frau der niedersten Stufen wird unter naturalwirtschaftlichen Verhältnissen durch Vielweiberei wertvoller, während zugleich die Frau der oberen Schichten sinkt. Es giebt keine völlig verlassenen und verstoßenen Weiber, aber auch keine dem Manne an Bildung und Würde gleichartigen Frauen. Das weibliche Geschlecht als ganzes verkauft sich, um eine Garantie für Nahrung, Leben und Ehe zu gewinnen.

Unser Führer Baldensperger lebt seit lange zwischeu Muhammedanern. Er schilderte anschaulich, wie begehrt in den muhammedanischen Dörfern Palästinas die Mädchen sind. Es giebt kein „Sitzenbleiben". Mädchen, die sich selbst entehren, werden von ihren eigenen Verwandten unter schweigender Zustimmung der Behörden erdrosselt. Ein Vater, der es nicht über das Herz brachte, seine Tochter selbst zu töten, sprach zu seinem Sohne: „Thue du es, ich kann es nicht!" Die Frauen sind wie in allen südlichen Ländern freier, stehen aber doch unter Angst und Gefahr. Bei der Armut des türkischen Reiches findet die Vielweiberei für die Menge des Volkes schon von selbst ihre Grenze. Unheimlich ist sie auf den Höhen, aber dort gerade ist sie durch alten asiatischen Gebrauch gefestigt. Wer in der Bibel zu lesen pflegt, weiß, daß auch David seinen Harem hatte, den Absalom seinem Vater abzunehmen suchte. Bei David versteht man es geschichtlich und läßt sich dadurch nicht stören, ihn als Vorvater Jesu Christi zu ehren. In etwas aber nötigen uns doch die Beispiele des alten Testamentes, orientalisches Leben nicht einfach bloß nach europäischem Maße zu messen. Der türkische Zustand war einmal bei sehr frommen und unvergeßlichen Leuten unangefochten in Gebrauch. Er war einmal — wie eben das ganze Türkentum Vergangenheit ist.

* * *

An Zahl zurückgehend, beständig im Zurückweichen, hat der Türke eine Eigenschaft gewonnen, die er wahrscheinlich früher nicht besaß. Er gewann die Schlauheit von Leuten, die im Kern gebrochen sind, aber nach außen noch weiter existieren wollen. Wie ein krankes Tier instinktiv weiß, wo und wie es in aller Schwäche noch seine Zähne und Krallen brauchen kann, so weiß der Türke, wann er noch einmal Barbar sein darf und Blut vergießen. Die letzte Gelegenheit zum türkischen Barbarentum war der Armeniermord.

* * *

Türkische Frau.

Es ist nun schon fast zwei Monate her, seit ich in Konstantinopel mit dem Töpfermeister über die Armenier redete. Er weiß vielleicht gar nicht, wieviel Zeitungen sich mit ihm befaßt haben. Fast die ganze deutsche Presse druckte seine Beurteilung der Armenier ab, und viele französischen Blätter nahmen von ihr Notiz. Unsere offiziösen Zeitungen benutzten den Töpfermeister für ihre Auffassung, und unsere christlichen Blätter bekämpften ihn um der christlichen Armenier willen. Oft aber schlugen sie nicht nur auf den Töpfermeister, sondern ebensosehr auf den Verfasser des Reiseberichts. Er sah sich darauf veranlaßt, in der „Christlichen Welt" folgendes zu schreiben:

Der Angeklagte erbittet sich das Wort zur Verteidigung. Ich bin angeklagt, in der armenischen Frage das christliche Bewußtsein und Gefühl verletzt zu haben. Auch die „Christliche Welt" steht, wenn auch in freundlicher Weise, unter den Verklägern. Ursache des Prozesses war ein kurzer Abschnitt meines Reiseberichtes aus Konstantinopel, Worte eines deutschen Töpfermeisters über die Schlechtigkeit der Armenier; aber diese Ursache würde weniger tief gewirkt haben, wenn nicht schon vorher etwas Unwillen über meine Abweichung von der in christlichen Kreisen verbreiteten Armenierfreundschaft sich angesammelt hätte. Wie wäre man sonst so vielfach darauf gekommen, mein einfaches Wiedergeben der Worte des Töpfermeisters als eine Art persönlichen Bekenntnisses zu behandeln? Auch außer diesem Landsmann habe ich in dem Bericht noch manchem andern das Wort gegeben, ohne sofort dahinter zu schreiben: Ich denke anders! Es redet ein italienischer Kapitän, ein zionistischer Jude, niemand aber sagt nun zu mir: Warum läßt du sie reden? Man begreift, daß der Schriftsteller sich zu Zeiten in die Rolle des Berichterstatters zurückzieht, der nur eben sagen will, was er gehört hat. Aber man begreift es nur schwer im Fall einer ungünstigen Aussage über die Armenier, weil man mich von vornherein im Verdacht hat, dem Töpfermeister zugenickt zu haben. Um also nach dieser Seite hin zuerst Klarheit zu schaffen, erkläre ich, daß ich mir die Aussage des deutschen Landsmannes in ihrer ganzen Grundstimmung nicht aneignen kann, daß ich es aber noch heute für wertvoll und richtig halte, diese unter tüchtigen und erfahrenen Männern des

Orients weit verbreitete Grundstimmung nicht mit kurzer Handbewegung abzuschieben oder einfach als Brotneid zu ignorieren. Es mag sein, daß diese Stimmung etwas Verwandtschaft mit dem Antisemitismus bei uns hat, aber selbst in diesem Fall gehört sie zum Gesamtbilde der armenischen Frage. Hätte ich jemand unterwegs getroffen, der mit ebensolcher Schärfe sich auf Grund von Erfahrungen für die Armenier ausgesprochen hätte, so würde ich seine Worte genau ebenso referiert haben wie die des Töpfermeisters, denn niemals glaube ich einer Sache durch Verschweigen der Gegenmeinung zu dienen.

Es sei aber erlaubt, den Landsmann in Konstantinopel im weiteren aus dem Spiel zu lassen, da er gerade im wichtigsten Punkt, nämlich in der Beurteilung der armenischen Bevölkerung in Asien, von zweifelhafter Autorität ist. Über die Armenier in Konstantinopel trauen wir ihm und seinen klugen und biedern Freunden einen nicht unrichtigen Blick zu, das aber, was er über „Anatolien" sagte, hielten wir gleich beim ersten Hören für nicht ebenso gesichert, wollten es nur im Bericht nicht unterdrücken, um dem Leser die Gesamtauffassung dieser Leute zu bieten, die auch da, wo sie irrt, für die Schwierigkeit der Sache charakteristisch ist. Der Kern der Armenierfrage liegt, wie man weiß, in dem Lande zwischen dem Ararat und Tarsus. Dort paßt vielleicht die Darstellung der deutschen Handwerker aus Konstantinopel gar nicht. Wahrscheinlich finden sich unter den dortigen Armeniern sehr achtenswerte Personen in größerer Zahl; es wäre sonst kaum denkbar, daß Männer wie der vortreffliche Dr. Lepsius ihre Arbeitskraft in den Dienst dieses Volkes stellen, ohne ihren Veröffentlichungen eine Kritik der Volksmoral voranzuschicken. Eigene Erfahrungen fehlen uns, da wir diesen Teil des türkischen Reiches nicht berührten, vollständig, und selbst flüchtige Reiseeindrücke würden wir in Hinsicht auf sittliche Beurteilung nur gering taxieren. Es sei also zugegeben, daß die Bewohner der armenischen Provinz nicht unter dem moralischen Durchschnitt morgenländischen Geistes stehen. Mehr wird ja wohl auch von anderer Seite kaum behauptet. Und schließlich, selbst wenn sie das beste aller morgenländischen Christenvölker wären, würde das an dem nachfolgenden Gedankengang wenig ändern.

Sobald man die gewaltsame Tötung der 80 000 oder 100 000 Armenier für sich allein betrachtet, kann es überhaupt nur ein Urteil geben, mögen sie nun gut oder schlecht sein, nämlich nur eine volle, zornige, heftige Verurteilung der Mörder und ihrer Anstifter. Es sind abscheuliche Grausamkeiten in Masse vorgekommen, massenhafter und schlimmer als das, was Karl der Große an den Sachsen that. Was uns Lepsius an Martern zusammengestellt hat, übersteigt alles, was wir sonst kennen. Was hindert uns also, dem Türken in die Hand zu fallen und zu sagen: Nieder, du Schuft!? Eins hindert uns, daß der Türke antwortet: Auch ich kämpfe um mein Leben! und — daß wir ihm dies glauben. Wir glauben bei allem Groll über die blutige, muhammedanische Barbarei an die Notwehr des Türken, denn wir sehen die armenische Frage und den Armeniermord in erster Linie als eine innertürkische politische Angelegenheit an, als ein Stück vom Todeskampfe eines alten großen Reiches, das sich nicht ohne letzte blutige Rettungsversuche will töten lassen.

* * *

Es ist natürlich nicht durchaus falsch, wenn man die Vernichtung der Armenier häufig als „Christenverfolgung" bezeichnet, denn die Angreifer sind Muhammedaner, und die Verfolgten sind Christen, und das Rettungsmittel ist in vielen Fällen der Übertritt zum Muhammedanismus. Wie in jeder politischen Frage des Orients handelt es sich auch in dieser zugleich um Religionsangelegenheiten. Immerhin muß das Wort „Christenverfolgung" eingeschränkt werden, da man ja getrost Christ sein kann, wenn man nur nicht orthodoxer Armenier ist. Gegen ein morgenländisches Christentum der ihm unterworfenen Völker hat der Türke nie etwas gehabt. Er fängt erst dann an, gegen das Christentum zu wüten, wenn es in seinen Augen ein Hilfsmittel der Auflehnung wird. Dann bläst er alte Reste religiösen Fanatismus zur Flamme auf, der Wind aber, mit dem er bläst, ist politischer Art. Es gilt eine wankende muhammedanische Herrschaft zu verteidigen. In diesem Sinne gleicht die armenische Frage völlig der griechischen, bulgarischen, serbischen, rumänischen Frage, die alle religiös anfingen und hochpolitisch endigten. Der Türke weiß, wie es gehen wird, er hat es nun oft genug erlebt. Er sieht im heutigen Stadium der Armenierfrage ihr Ende kommen, und dieses heißt: Trennung der Armenier vom Türkenstaat. Eine solche Trennung bedeutet aber nicht nur Blutverlust, wie etwa der Verlust von Griechenland, Serbien, Bulgarien, Ägypten: sie bedeutet für ihn das Ende, den Tod, wie man bei einem Blick auf die Karte des türkischen Reiches leicht sehen kann.

Man vergesse nicht, daß der türkische Staat nicht ein Nationalstaat ist wie der deutsche, auch kein auf Verfassung und Personalunion beruhender dynastischer Staat wie der österreichische, sondern ein Eroberungsstaat, in dem ein verhältnismäßig kleines Herrenvolk über abhängige Völkerschaften regiert. Dieser Staat zerfällt, sobald die Herrschaft der Osmanen gebrochen wird. Wer ihn zerstören will, der unterstützt zu diesem Zweck die Griechen, Serben, Bulgaren, Mazedonier, Syrer, Armenier. An dieser Methode, den Umsturz des Bestehenden in der Türkei herbeizuführen, haben gelegentlich alle Großmächte außer Deutschland teilgenommen. Das Verfahren ist dieses: man fordert für die abhängigen Völkerschaften Menschenrechte oder Humanität oder Civilisation oder politische Freiheit, kurz, irgend etwas, was sie den Türken gleichstellt. Auf solchem Boden können allgemeine moralische Forderungen, die bei uns vor jedem Kinde vorgetragen werden, zu revolutionären Wirkungen führen. Von da aus erklärt sich die türkische Beurteilung englischer und amerikanischer Missionare, die unter den Armeniern arbeiten. So wenig das alte despotische Römerreich die Religion der Nazarener aushalten konnte, so wenig kann das Türkenreich, diese politische Fortsetzung von Ostrom, die Vertretung eines freien abendländischen Christentums unter seinen Untergebenen vertragen, nicht, weil das Christentum eine andere Glaubenslehre hat, sondern weil es praktisch die Herrschaft des Osmanen stört, wenn es abendländisch aufgefaßt wird. Uns scheint es fremdartig, wenn Missionare, Nihilisten und politische Agenten in einem Atem genannt werden, aber in der That hat für den Türken ihre politische Wirkung einige Verwandtschaft.

* * *

Der Umsturz des Bestehenden im Osmanenreich.

Die Armenier wurden von zwei Seiten insbesondere als Objekte humaner Beeinflussung angesehen, von den Russen und Engländern. Daß beide nicht harmlose Wohlthäter waren, versteht sich von selbst. Durch ihr Eingreifen sind auf dem Berliner Kongreß vor zwanzig Jahren die Reformen für Armenien festgelegt worden, deren wichtigster Punkt in unseren Augen die prozentuale Teilnahme der Armenier an der Staatsverwaltung ist, eine für türkische Begriffe den Staat umstürzende Forderung. Wenn diese Forderung durchgesetzt wird, dann müssen mit logischer Gewalt die Armenier antitürkisch werden, selbst wenn sie heute in ihrer Mehrzahl brave, schlafende und zahlende Unterthanen des Sultans sind. Deshalb konnte die hohe Pforte zwar vor dem vereinigten Europa Versprechungen machen müssen, aber freilich nur Versprechungen, die, wie Bismarck sagt, so lange dauern, als die Situation dauert, in der sie entstehen. Sobald die Türkei wieder Luft genug hat zum Atmen, muß ihr Selbsterhaltungstrieb sie veranlassen, das abgezwungene Versprechen abzuschütteln, so wie die Deutschen Napoleons Dekrete abschüttelten und umgingen, so gut sie konnten. Es war Gefahr, daß die Türkei an der armenischen Frage zu Grunde ging. Da half sie sich mit einem barbarischen, asiatischen Gewaltstreich: sie dezimierte die Armenier so stark, daß sie in nächster Periode nicht politisch auftreten können. Ein entsetzlicher Akt, ein Akt politischer Verzweiflung, eine Schande in den grausamen Einzelheiten, aber eben doch ein Stück politischer Geschichte in asiatischer Art! Ein Akt, der nur möglich war, weil Rußland seine Taktik geändert hatte und Deutschland neben ihm stand. Rußland hat nämlich, wie es scheint, den Plan, die Türkei zu ruinieren, aufgegeben und beabsichtigt sie zu patronisieren und ihr den jetzigen Bestand gegen bestimmte Leistungen zu garantieren. Die „Gedanken und Erinnerungen" Bismarcks geben dazu sehr interessante Ausführungen. Jetzt ist es England allein, das die alte Methode der humanen Zersetzung der Türkei von unten befolgt. Es konnte die Armenier nicht retten, wenn es nicht Krieg wollte.

Wenn aber die Sache so liegt, wie wir annehmen, dann kann man auch als Christ schwankend werden, wie man stehen soll. Es waren Sympathiekundgebungen für Armenier, die zur indirekten Todesursache geworden sind. Je mehr die Armenier, die natürlich nun auch ihrerseits in Bitterkeit und Grimm Pläne schmieden, das Gefühl haben, von europäischen Christen unterstützt zu sein, desto leichter werden einzelne von ihnen Unvorsichtigkeiten begehen, die dann, so lange die jetzige politische Gesamtlage dauert, sich schwer an ihrem Volke rächen. Es wird also trotz allen Unwillens über das Geschehene den deutschen Christen nichts andres übrig bleiben, als still nach Kräften Wunden zu verbinden und sonst die Sache ihren eigenen Weg gehen zu lassen. Unsere Politik im Orient ist auf lange hinaus festgelegt, wir gehören zur Gruppe der Protektoren der Türkei, damit müssen wir rechnen. Unsere eigene Staatskraft wird es sein, die alle etwaigen Erfolge christlicher und humaner Hebung der Armenier mit dämpfen hilft. Englische Christen stehen ja anders. Wenn ihre religiösen Bestrebungen in Armenien Erfolg haben, dann geht ihr Staatsmann hinterher, denn England hat die Methode der Aufwühlung der Türkei von unten.

Warum haben wir diese Methode nicht? Wäre es nicht viel schöner und edler, wenn auch wir das Türkentum zu unterwühlen trachteten? Wer hier für die Unterdrückten ist, muß es auch dort sein! Also warum nicht für Freiheit, Fortschritt, Gerechtigkeit in Armenien? Was geht uns der alte morsche Türkenstaat an? Hier beginnen Erörterungen, die über die Armenierfrage hinausgehen, nämlich die Erörterung darüber, warum Deutschland in seinem jetzigen Kräftebestand noch keine Politik nach Art der Engländer treiben kann. Sie können revolutionieren, denn sie sind imstande, zu occupieren. Wir brauchen Zeit zum Wachsen und Werden. Diese unsere Zeit zu erkennen und abzuwarten, ist in seiner Art auch ein Stück, den Willen Gottes zu erfüllen. —

* * *

Wir haben die Erörterung über die Armenier in vollem Umfang in dieses Büchlein „Asia" aufgenommen, da im Augenblick kein Teil der orientalischen Frage in Deutschland so lebhaft erörtert wird, wie gerade die Armenierfrage. Sie ist für zahlreiche christliche Kreise in Wirklichkeit

Schwierigkeit für deutsche Christen.

brennend. Niemand wird den eifrigen Christen verwehren wollen, die Opfer der entsetzlichen Angriffe zu pflegen, Kinder zu erziehen und Erwachsene zu nähren. Gott lohne diese Gutthaten wie jede andere wahre Treue! Nur ist zu verlangen, daß die Liebesthaten niemals zu politischen Handlungen werden, die unsere deutsche Staatspolitik durchkreuzen. Wir sind der festen Überzeugung, daß unser Volk auch dem Christentum am besten dient, wenn es sich selber im Völkerkampfe stark erhält. Wer international ist, das heißt, wer englisch denkt, mag mit den Armeniern gehen, wer national ist, wer die deutsche Zukunft dem Engländertum nicht opfern will, der muß in äußerer Politik auf Bismarcks Pfaden bleiben, selbst wenn es seinem Gemüt schwer wird. Warum es so ist, läßt sich nicht in zwei Worten sagen. Man gestatte daher einige etwas weitergesponnene politische Gedanken.

* * *

Am 6. September 1871 starb Ali Pascha, der begabteste türkische Staatsmann in unserem Jahrhundert. Er hatte eine tiefe Einsicht in die Veränderung der politischen Lage durch den Sieg Deutschlands über Frankreich. Zu einer Zeit, wo nur wenige Deutsche ahnten, welche Folgen der Frankfurter Friede in Hinsicht auf die Orientfrage haben könne, sagte er zum österreichischen Botschafter Prokesch-Osten, „das Verhältnis zwischen Rußland und Preußen werde durch den Sieg über Frankreich nicht gewinnen. Preußen werde bemüht sein, sich in Österreich einen Verbündeten zu erwerben. Daraus aber ergebe sich für die Pforte der Schutz, dessen sie so lange entbehrt hätte.“ (Geschichte der orientalischen Angelegenheit im Zeitraum des Pariser und des Berliner Friedens von Felix Bamberg, Berlin 1892.) Das, was der sterbende Türke hiermit sagte, ist in der That der Kern unserer Orientpolitik. Wir müssen das Osmanenreich schützen, weil wir bei Sedan gesiegt haben. Mit unserem Siege brachen wir die gerade im Orient so bedeutsame politische Kraft Frankreichs. Es entstand eine Lücke, in die sich Rußland und England rücksichtslos eingeschoben hätten, wenn wir nicht gewesen wären. Wir übernahmen hier wie sonst das Erbe Napoleons III., während Frankreich in seinem Verhältnis zu Rußland in die frühere Rolle Preußens eintrat. Einst war Napoleon III. der Freund des Padischah, jetzt ist es Wilhelm II. An einer Stelle nur konnten wir leider von den Franzosen nicht erben: in Suez.

* * *

Als der französische Graf Ferdinand von Lesseps unter unsäglichen diplomatischen Schwierigkeiten den Suezkanal baute, leistete er der Menschheitsgeschichte etwas, das einer Verlegung des Golfstromes ähnlich wirkte. Wo der Golfstrom nordische Küsten berührt, giebt er ihnen weiches Seeklima. Wo die Straße von Suez das Türkenreich schneidet, macht sie die Umgebung zu Kulturland mitten in der Wüste. Erst eine Durchstechung von Mittelamerika wird dem Suezkanal etwas von seiner Bedeutung nehmen können, bis dahin aber ist er der Weg von Europa zu den Weltvölkern Asiens. Der Weg nach Indien wird aber immer an Suez vorbeigehen, denn selbst wenn die Straße von Kleinasien zum persischen Golf fertiggestellt sein wird (eine lange Mühe), bleibt der Wasserweg für große Schiffe unter allen Umständen der alte. Darin liegt die eminente politische Bedeutung des Suezkanals. Die Engländer müssen ihn haben, wenn sie ihre Weltherrschaft erhalten und sichern wollen. Erst wehrten sie sich gegen die Herstellung des Kanals, weil sie keinen französischen Kanal wollten, jetzt aber lassen sie ihn nicht los. Wer es fertig bringt, im nächsten Kriege zwei alte Schiffe im Suezkanal zu versenken, kann unter Umständen der unheimlichen Gewalt Englands den ersten Bruch zufügen. Um Suez herum lauert darum das Mißtrauen aller gegen alle, nnd Inseln wie Candia und Cypern werden nicht um ihrer selbst willen begehrt. Wer weiß, ob nicht auch Jerusalem eines Tages im Zusammenhang mit der Suezfrage occupiert wird?

* * *

Es ist in einem Weltreich ein unaufhaltsamer Trieb zur Ausdehnung. Alle bisherigen Weltreiche ersten Ranges wurden Schritt für Schritt vorwärts gezogen, bis sie an Überspannung ihrer Kräfte zu zerbrechen anfingen. Nie aber kann eine Nation sich selbst mitten in ihrer Geschichte ein freiwilliges Haltesignal blasen. England muß erderobernd vorgehen so gut wie einst die Türken es mußten. Jeder einzelne weitere Schritt ist nur Folge der vorhergehenden. Wer Indien hat, muß Suez haben, wer Suez hat, muß Ägypten haben, wer Ägypten hat, muß den Sudan gewinnen, wer den Sudan haben will, darf Abessynien nicht in starke Hände geraten lassen u. s. w. Kosten und Opfer der vergangenen Thaten sind fordernde Gewalten. Ob dabei andere Völker steigen oder fallen, ist dem Weltvolke gleich, wenn es nur selbst der Logik seiner eigenen gewaltigen Entwicklung folgen kann. Überall in der Welt hat England seine „Interessensphäre". Kein Leuchtturm in allen Wassern bietet so weite Aussicht wie das auswärtige Amt in London. Von London aus wird im alten und im neuen Jahrhundert die Weltgeschichte der Erdenwelt gemacht.

Gegenüber der Thatsache des englischen Riesenreiches hat der Deutsche nur zwei ausführbare Möglichkeiten. Entweder er kämpft oder er verbrüdert sich. Es ist aber nötig, daß er entweder das eine oder das andere thut, wenn er nicht zur Bedeutungslosigkeit herabsinken will. Im Angesicht einer durch die Natur der vorhandenen Macht gegebenen und durch Jahrhunderte geübten politischen Konsequenz dürfen wir nicht grundsatzlose deutsche Politik treiben, und zwar ist es nötig, daß das ganze Volk sich der Schwere seiner Weltlage bewußt wird. Das Volk soll Steuern zahlen, Schiffe bewilligen, Waffen tragen, und da es ein modernes, gebildetes Volk ist, muß es auch wissen, wofür und weshalb es sich eisern belastet. Darum ist dringend zu wünschen, daß die Probleme der äußeren Politik nicht wie Geheimwissenschaft behandelt werden. Kein Mensch wird verlangen, daß die kleinen Schachzüge der Diplomaten gleich an jede Wand angeschrieben werden, aber die Richtung muß fest und muß offen bekannt sein. Manches, was uns die Staatssekretäre verschweigen, sagt der Kaiser. Wir hoffen nur, daß Kaiserworte immer im Einklang mit der wirklich geübten deutschen auswärtigen Politik sind, und daß wir nicht wie Frankreich unter Napoleon III. eine Kaiser- und eine Ministerpolitik nebeneinander haben.

Deutschland und England.

Soviel man aus Kaiserreden sehen kann, sind die Würfel für eine antienglische Politik endgültig gefallen. So müssen sie fallen, wenn wir nicht im Gefolge Englands als deutsche Nation untergehen wollen. Ein mit England verbundenes Deutschland bleibt stets eine unselbständige Größe. Wir haben schön Millionen Deutsche an das Angelsachsentum verloren. Der einzelne Deutsche hat wenig Kraft, sich dem bestrickenden Einfluß englischer Größe zu entziehen, wenn er in der Fremde lebt und kein bewußt gewordener Nationalgegensatz ihn stärkt. Niemals wird der Deutsche zum Russen oder Türken, aber vor dem Engländer wird er kleinlaut und sieht, wie seine Kinder englisch sprechen. Nordamerika bietet dazu die Belege. In diesem Sinne ist das Engländertum für uns eine nationale Gefahr, man kann sagen: die nationale Gefahr. Man vergesse auch nicht, daß der internationale Sozialismus in London formuliert wurde. Er lebt im Gedankengang, der in der Welthauptstadt entsteht.

* * *

Nationaler Sozialismus ist etwas, was bei uns erst im Werden begriffen ist, eine politische Anschauung, die bis jetzt im deutschen Parteigetriebe noch keinen Platz erobert hat. Bis heute giebt es einen Bismarckschen Nationalismus der oberen Schichten und einen Marxschen Sozialismus der sozialen Unterwelt. An diesem Doppelverhältnis krankt die deutsche innere Politik, zugleich aber unsere äußere. Hier haben wir es nur mit dem letzteren Punkte zu thun. Vom Standpunkt der deutschen Nation aus ist alles Gewicht darauf zu legen, daß wir unsere industrielle neudeutsche Entwicklung fördern. Wir sind ein wachsendes Volk. Bald wird unsere Ziffer 60 Millionen betragen, bald 70 Millionen Menschen. Diese Millionen wollen Brot und Arbeit. Vom deutschen Acker allein werden wir nie wieder leben können. Man erhalte unsere Landwirtschaft so gut es geht, dennoch brauchen wir jährlich mehr Schlote, die für den Weltmarkt rauchen. Das ist das Lebensinteresse des ganzen Volkes, zugleich aber das Spezialinteresse der Industrie-Unternehmer, -Händler und Arbeiter. Diese industriellen Volksteile haben einerseits zwischen sich schwere Interessengegensätze, andererseits das gewaltige gemeinsame Interesse, deutsche Welthandelspolitik zu treiben. Jetzt stören sie sich gerade in diesem Interesse gegenseitig, indem die Arbeiter unter Führung der Sozialdemokratie eine äußere Politik verfolgen, die im Grunde eine Anerkennung der einmal vorhandenen internationalen Weltherrschaft Englands ist. Jede Flottenverneinung ist unbewußter oder bewußter Dienst für die Flottenherrschaft Englands. Alle Schwächung der deutschen Nationalenergie durch Friedensvereine oder ähnliche Bestrebungen dient der wachsenden unheimlichen Gewalt derer, die heute von Kapstadt bis Kairo, von Ceylon bis zum Eismeer herrschen. Es kann sein, daß England uns, wenn wir mit ihm gehen, alle seine Häfen offen hält, die deutsche Sprache aber wird dann nur ein Dialekt der englischen Weltsprache, die deutsche Volksseele geht dann ein, wie etwa die dänische oder polnische Volksseele. Sie wird noch lange zucken und bluten, aber leben, siegen, herrschen, wirken kann sie nur, wenn unser Volk in der gegenwärtigen Geschichtsperiode keinen Fehler macht, der später nie wieder gut gemacht werden kann. Keine Verbrüderung mit England! Nationale Politik!

* * *

Von da aus bestimmt sich unsere Haltung in der Orientfrage. Hier liegt der tiefe sittliche Grund, weshalb wir gegen die Leiden der christlichen Völker im türkischen Reiche politisch gleichgültig sein müssen, so schwer dieses unserem Gefühle werden mag. England weiß, daß es beim Zerfall der Türkei unter allen Umständen gewinnen muß. Wer so stark ist wie England, gewinnt bei jedem Völkerhandel. Es occupiert, kontrolliert und behauptet schließlich: „Kontrollieren bedeutet im Diplomatischen soviel wie besitzen." Wenn England den Weg zum Euphrat hat, ist es wieder um ein halbes Prozent stärker als heute, dann sind wir wieder um fünf Prozent schwächer im Kampfe um unser eigenes Leben.

Man täusche sich darüber nicht, daß alle politische Fürsorge Englands für Griechen und Armenier nicht die Folge haben wird, diese vielgeprüften

Völker auf eigene Füße zu stellen. Allerdings ist die Methode der Beherrschung, die England übt, eine ganz andere, als die Methode der Osmanen. Es läßt relative politische Freiheit. Was stört es in London, wenn die Athener, Armenier, vielleicht auch die Ägypter einen König und ein Parlament haben, falls nur die sachliche, politische und finanzielle Abhängigkeit gewahrt bleibt? Es verhält sich mit der Befreiung der geknechteten Völker durch England ähnlich wie mit der russischen Bauernbefreiung. Der Bauer ist „frei", er hat aber nichts zu leben, wenn er sich nicht verkauft.

Dazu kommt, daß nach Urteil guter Volkskenner weder der Grieche noch der Syrer und Armenier diejenige politische Leistungskraft gewinnen wird, die der Rumäne hat und der Bulgare vielleicht noch bekommt. Der Leser erinnert sich der Äußerungen, die der Kapitän der „Asia" über die Hellenen aussprach. Sie rechnen nicht mit Englands Polypenarmen und überschätzen wahrscheinlich die Griechen.

Vielleicht ist bei seinem Urteil, wie so oft, der Wunsch der Vater des Gedankens. Er gönnt den Russen Konstantinopel nicht, deshalb hofft er, das alte Griechentum werde noch einmal in Byzanz herrschen. Aus grauer Vergangenheit soll der Glanz von Salamis und Platää in die moderne Gegenwart hineinstrahlen, und Geister des Themistokles und Perikles sollen Hellenen umschweben, die — zwar griechisch sprechen, aber im allgemeinen keine Griechen sind. Auch bei uns kommt es ja vor, daß germanisierte Slavenkinder sich an Hermann den Cherusker stärken, und unsere heutige deutsche Hauptstadt ist altes Barbarenland, aber wir haben doch eben inmitten unseres Volkes noch weite Gebiete ungetrübten oder fast ungetrübten Germanentums. Das Griechentum ist fast überall Argentan und Talmi, kein altes korinthisches Erz mehr. Ihm kann man schwer die Schöpferkraft zutrauen, einen Griechenstaat in Konstantinopel und Kleinasien aufzurichten. Zum Staatenbilden gehört Gehirn, Blut, angeborene und anerzogene Idee,. erlebte Heldengeschichte. So wenig man aus Landarbeitern schnell Landräte machen kann, so wenig aus zerbrochenen Völkern politische Herren. — Es kann, wie man sieht, serbische, bulgarische, griechische Staaten geben, aber — sie sind auch darnach. Die Ablösung der Türken an der Wachtstelle zwischen Asien und Europa kann diesen Volksbrocken nicht zugetraut werden.

* * *

Immer muß sich Deutschland gegenwärtig halten, daß es keine Weltmacht ersten Grades ist. Wir hoffen, es werden zu können, aber wir sind es nicht. Wenn heute die Türkei zerfällt, werden ihre Bestandteile zum Spielball der Großmächte, wir aber gehen, wie so oft, leer aus. Was nützt uns auch in unserem heutigen Kräftebestand ein Stück Mazedonien oder Kleinasien? Wir müssen warten, wachsen und die Katastrophe hinhalten. Das ist unsere Pflicht, die wir vor Gott und Menschen als solche erkennen und anerkennen sollen. Wenn wir darum den türkischen Staat erhalten, so thun wir das um unsertwillen, weil wir an unsere größere Zukunft glauben. An dieser „Staatserhaltung" müssen sich auch solche beteiligen, die in deutscher innerer Politik von Staatserhaltung im Sinne der Herren des deutschen Ostens nichts halten. Unser Staat bedarf zu seiner Erhaltung der inneren Freiheit. Ohne diese ist er seinen Zukunftsaufgaben nicht gewachsen, er muß um unserer Bildungs- und Kulturstufe willen liberal verwaltet werden. Der Türkenstaat aber hat seine eigenen, sehr anderen Gesetze. Liberalismus, der bei uns lebendige nationale Kräfte entfesselt, lockert dort den letzten Rest des alten Zusammenhanges. Wir müssen als nationale Deutsche sozial und liberal

„Staatserhaltung".

denken, aber unsere innere Politik in ein Land mittelalterlicher Kulturstufe hineinzutragen, haben wir keine Veranlassung.

Es ist ein alter Irrtum des älteren deutschen Liberalismus, zu dem auch die Sozialdemokratie gehört, daß er glaubt, überall auf der Erdkugel seine politischen Prinzipien verbreiten zu müssen, derselbe Irrtum, den der russische Absolutismus seinerseits so lange gehabt hat und bisweilen noch heute hat. Gerade wenn man, wie die Sozialdemokratie, die wirtschaft lichen Gründe der politischen Verfassungen stark betont, sollte man vor dem Gedanken bewahrt sein, als könne ein völlig naturalwirtschaftlicher, decentralisierter, alter Staat eine auf Schulzwang, Eisenbahn und Zeitung beruhende moderne Verfassung brauchen. Die Türkei mag verfaßt sein wie sie will, wenn sie sich nur noch eine geraume Zeit über Wasser halten kann. In diesem Sinn hat Bismarck uns gelehrt, äußere und innere Politik zu trennen.

Dasselbe gilt auch hinsichtlich der christlichen Mission. Wir wünschen als Christen alle Fortschritte des Glaubens, der uns selig macht, aber unsere Politik hat nicht die Aufgabe, Mission zu treiben. Beide Teile befinden sich wohler, wenn sie sich nicht auf ein gemeinsames Arbeiten einlassen. Napoleon III. war zugleich Freund des Sultans und Schutzherr der Christen im Orient. Darin lag die verhängnisvolle Schwäche seiner Orientpolitik. Im bereits erwähnten Gespräch Ali Paschas mit dem Herrn von Prokesch-Osten wirft er Frankreich vor, „jeder Aufstand in den Ländern der Pforte habe in Frankreich Unterstützung gefunden". Das kam vom christlichen Protektorat. Es liegt ja sehr nahe, daß ein christlicher Monarch, der seine eigene politische Stellung als Schützer der Muhammedaner peinlich empfindet, sich im Schutzrecht über die Christen ein Gegengewicht sucht, aber im Grunde kann man doch nur das eine oder das andere wollen. Wir glauben, daß es eine gute Fügung war, daß der deutsche Wille, allen orientalischen Christen zu dienen, in Rom und Paris auf Hindernisse gestoßen ist. Jetzt ist Wilhelms II. Haltung klarer als die Napoleons III. Er schützt als deutscher Kaiser die deutschen Protestanten und Katholiken im türkischen Reiche, im übrigen aber treibt er keine orientalische Religionspolitik, sondern nur deutsche Staatspolitik.

Das, wovon wir eben reden, bedeutet eine radikale Lösung eines sehr schweren inneren Konfliktes. Auf der einen Seite stehen nationale, auf der anderen humane Pflichten. Vielfach wählt man im Konflikt der Pflichten den Ausweg, beiden vorhandenen Pflichten halb zu genügen. Das ist menschlich begreiflich, aber nur selten sittlich richtig. Es gilt für diesen wie für andere verwandte Fälle, daß man sich klar machen muß, auf welcher Seite die größere, sittlich bedeutsamere Aufgabe liegt. Hat man gewählt, so darf es kein Schwanken mehr geben. Wilhelm II. hat gewählt. Er ist der Freund des Padischah, weil er an ein selbstständiges größeres Deutschland glaubt.

* * *

Bis jetzt sprachen wir nur von England, weil von der Stellung zu England alle größeren politischen Entscheidungen abhängen. Deutschland gehört zu der weltgeschichtlichen Koalition, die sich gegen England bilden wird. Aber freilich, innerhalb dieser Koalition giebt es viel, unendlich viel innere Gegensätze. Niemals ist Politik ein Klavierspiel mit einer Hand. Der Gegensatz zu England wirft uns auf die russische Seite, aber gerade in der Orientfrage ist Rußland uns mindestens ebenso gefährlich wie England. Wir gehen mit Rußland, um es an unseren langsamen Schritt zu binden.

* * *

Rußland ist der Erbe von Byzanz. Das ist ein mit Blut getränktes Dogma des Russentums. Um nach Konstantinopel zu kommen, hat es die entsetzlichen Qualen des Krimkrieges erduldet und seine tapferen Soldaten im Schnee des Balkangebirges erfrieren lassen. Immer, wenn die Kriegstrompete von der Donaumündung klang, war der russische Nationalenthusiasmus vorhanden. Mit List, Trug, Feinheit, Grobheit, mit allen Waffen der Diplomatie, Agitation und Verschwörung hat Rußland in dem Gebiet zwischen Montenegro und Armenien gearbeitet.

Viele Enttäuschungen lagen auf seinem Wege. Mehr als einmal half Deutschland seinen Siegespreis verkürzen. Man müßte die Zähigkeit der russischen Politik nicht kennen, wenn man glauben wollte, es werde jemals auf den Gedanken verzichten, der in dem Worte liegt: „Das schwarze Meer ein russischer See."

Die Gründe, weshalb Rußland so handeln muß, sind mannigfaltig Wir versuchen die hauptsächlichsten zu nennen:

1. Das panslavistische Prinzip, das den Grundgedanken des russischen Nationalgedankens ausmacht, giebt dem Russen gegenüber den an der unteren Donau wohnenden Slaven ein ähnliches Gefühl, wie wir es gegen über den Deutschen im österreichischen Staatsverbande haben. Wir sagen uns: sollte einmal Österreich brechen, so müssen seine deutschen Gebiete zu uns fallen! In ähnlichem Sinne denkt der Russe: die serbischen Slaven sind geborene Russen.

2. Die orthodoxe Kirche bedeutet für die russische Politik mehr als irgend eine Kirche für irgend einen abendländischen Staat. In Rußland herrscht noch das bei uns durch den westfälischen Frieden überwundene Prinzip des ungebrochenen Staatskirchentums. In gewissem Sinne ist der Zar eine Art Papst für den Osten, ähnlich wie der Sultan zugleich der Kalif der Muhammedaner ist, auch wenn sie nicht zu seinem Staatsverbande gehören. Auf Grund dieser religiösen Stellung waren die Zaren seit lange Protektoren der Orthodoxen im Morgenlande, wie Napoleon Protektor der Katholiken war. Auf religiösem Wege konnte es tausend Verbindungen schaffen und sich in zahllose Streitfragen einmischen. Wenn der Zar in die Sophienkirche einzieht, klingt ein religiös-politisches Tedeum durch die ganze griechisch-orthodoxe Welt.

3. Rußlands Militärmacht steht doppelt so sicher als früher, sobald es Konstantinopel in Händen hat. Der Krimkrieg war für die Russen eine arge Lehre. Sie wollen um alles in der Welt sich nicht wieder im schwarzen Meer und auf der Krim verteidigen müssen. Russische Kanonen an den Dardanellen ersparen die Verteidigung auf dem ganzen Strich zwischen dem Kaukasus und der Donaumündung und erlauben der russischen Südflotte im Mittelmeer und vor Suez zu kreuzen. Es unterliegt

deshalb kaum einem Zweifel, daß der erste Griff Rußlands bei Ausbruch eines nächsten Weltkrieges ein Handstreich auf Konstantinopel sein wird. Ob Konstantinopel dann als feindliche oder freundliche Festung besetzt werden wird, ändert an ihrer militärischen Bedeutung wenig. Jedenfalls müssen wir mit dem Gedanken rechnen, daß Europa eines Morgens aufwacht und plötzlich erfährt: der Russe hat den Bosporus! Dann kann ja ein neuer Zarenerlaß über den ewigen Frieden kommen.

4. Rußlands Gegnerschaft zu Österreich beruht auf ähnlichen Gründen wie sein Verhältnis zur Türkei. Österreich besitzt slavische Elemente, die nach Rußland neigen, und ist zugleich bis jetzt die stärkste Stütze der den Russen unangenehmen polnischen Propaganda. Außerdem kann Österreich auf die freie Ausfahrt durch Donaumündung und Bosporus nicht verzichten, ohne sich wirtschaftlich viel zu verschlechtern. Solange Österreich lebt, muß es in Orientfragen Gegner Rußlands sein, und was hat Österreich noch, wenn es in Orientfragen geschlagen ist? Es ist darum kein schlechter Ausdruck einer verwickelten Sache, wenn ein russischer General sagte: „daß man nach Konstantinopel nur mit oder über Wien gehen könne.“

* * *

Sophienmoschee.

Die Art, wie Rußland im osmanischen Reiche vorgeht, wechselt nach den Zeitverhältnissen. Es war lange Zeit mehr Schutzherr der Aufständischen, jetzt scheint es mehr Protektor des Sultans zu sein. Immer ist es beides zugleich, nur mit verschiedener Betonung der einen oder der anderen Seite. Es kann um seiner slavischen und religiösen Motive willen die Unterwühlung von unten nicht unterlassen und hält es doch für besser, niemandem sonst, auch den Deutschen nicht, den Vorrang in der Beeinflussung der einmal vorhandenen Staatsmaschine zu lassen. Es kann sein, daß Rußland eines Tages sagt: ich schütze den Sultan! Dann wird der Sultan in den feinsten Formen ein Gefangener Rußlands. In Rußland wird man nicht vergessen haben, daß schon einmal ein gefährdeter Sultan sich mit seinen Schätzen auf ein russisches Schiff flüchten wollte. Hat aber Rußland den Sultan, dann spielt es mit ihm wie England mit dem Khedive spielt. Ob unser Kaiser an eine solche Möglichkeit dachte, als er in Damaskus sich den Freund aller Muhammedaner nannte?

Die Kaiserrede in Damaskus kann Eingebung des Augenblicks, sie kann aber auch sehr vorbereitete Politik gewesen sein. Wir wagen nicht, sie für das eine oder für das andere zu erklären. Wenn sie scharf präparierte Politik war, so rechnet sie mit weiten und schweren Möglichkeiten. Nur, um weiter in die Orientfrage einzudringen, wollen wir zwei solcher Möglichkeiten genauer ausdenken.

1. Es ist möglich, daß der Kalif in russische Hände kommt. Dann fragt es sich, ob in diesem Augenblick die 300 oder 200 Millionen Muhammedaner in ihm weiterhin ihr religiöses Haupt erkennen werden, oder ob nicht vielmehr ein Schisma, das heißt eine Religionstrennung eintritt, wie sie das Papsttum im Mittelalter wiederholt erlebt hat. Wenn der osmanische Kalif russisch wird, kann es einen arabischen Kalifen geben, der in Damaskus oder sonstwo sitzt. Der Gegensatz von Osmanen und Nichtosmanen in der muhammedanischen Religion ist keineswegs erloschen. Dann wird es wertvoll sein, nicht bloß Freund des Sultans, sondern aller Muhammedaner zu heißen. Mit diesem Titel kann dann ein Stück politischer Macht verbunden sein, die sich gegen eine russisch-osmanische Politik gebrauchen läßt.

2. Es ist möglich, daß vor dem Zerfall des Osmanenreiches der Weltkrieg gegen England kommt. Dann wird der Kalif in Konstantinopel noch einmal die Fahne des Propheten erheben müssen und zwar gegen den Erdumspanner England. Der kranke Mann erhebt sich noch einmal von seinem Lager und ruft nach Ägypten, in den Sudan, nach Ostafrika, nach Persien, Afganistan und Indien: Kampf gegen England! Er macht sich damit zum religiös-politischen Oberhaupt in der größten Frage, die den Erdball umschüttert. Vergeblich würde sein letzter gellender Ruf nicht sein. Es ist wichtig, wer ihn vom Bett aufrichtet, wenn er schreien will.

Das sind nur Möglichkeiten, weiter nichts. Aber in der Orientfrage kann man nichts für unmöglich halten.

* * *

Immer kommt Österreich in Frage, wenn von Orientpolitik geredet wird. Es ist der letzte große Rest des alten römischen Kaisertums deutscher Nation, in seiner Art ein geschichtlicher Verwandter des Türkenreiches. Auch Österreich hat keine nationale Grundlage des Gesamtstaates. Früher waren die Deutschen das Herrenvolk, jetzt gehören sie mit zu den österreichischen Herdenvölkern. Was den Staat zusammenhält ist die Monarchie, der Verwaltungsapparat, die geographische Schwierigkeit jeder Neubildung und die schützende Energie Deutschlands. Wir brauchen Österreich, es mag sein wie es will, denn am Tage des Zerfalls der alten Donaumonarchie rettet uns nichts mehr vor slavischer Überflutung. Wenn Rußland die Donauslaven an sich zieht, ist uns der Weg über Saloniki nach Kleinasien und Suez für alle Zeiten verloren, dann sind die Bewegungen der von russischer Politik gebrauchten Polen und Tschechen unberechenbar, dann beginnt der Kampf um die eisfreien Ostseehäfen und um die Rhein grenze. So wenig uns im ersten Augenblick Verschiebungen im Süden Europas direkt berühren, so sehr beschweren sie unsere Zukunft. Wir können Rußland nur nach Süden wachsen lassen, wenn das von uns relativ abhängige Österreich auch zugleich wächst. Nach diesem Grundsatze arbeitete Bismarck auf dem großen Berliner Kongreß im Jahre 1878.

Die Russen wissen ganz gut, was ihnen Bismarck in den verbindlichsten und vorsichtigsten Formen versagt hat, obgleich er jedem ihrer Anträge zustimmte. Er war der Schirmer des alten Mitteleuropa gegen den Osten.

Schon als wir von der englischen Beherrschung des Suezkanales sprachen, mußten wir den deutschen Sieg über Frankreich als Ursache des Umschwunges am Nil ansehen. Es ist bekannt, daß Rußland derselben geschichtlichen Begebenheit die Durchbrechung des strengen Friedens verdankt, durch den es gehindert war, das schwarze Meer mit Kriegsschiffen zu bevölkern. Die russische Südflotte ist eine Folge der Schlacht von Sedan. So haben wir mit unserem Aufsteigen beiden alten Weltmächten wesentlichste Kampfsmittel in die Hände gespielt. Wir bezahlten so unsere Kaiserkrone. Sie ist nicht zu teuer gekauft, aber mehr als nötig wollen wir nun nachträglich nicht geben. Jetzt gilt es, die Zwischenmächte zu sammeln, damit die Weltmächte nicht alles erdrücken. In diesem Sinn nimmt Deutschland das schwankende Österreich, das hungernde Italien, das zerfressene Osmanenreich an der Hand und sagt zu ihnen: Laßt uns tapfer sein! Es ist eine merkwürdige Verbrüderung, wenig begeisternd, wenig sonnig, aber was hilft es? Wir können, solange Frankreich grollt, nichts Besseres thun. Unsere Parole heißt: Mit dem ganzen Kontinent gegen England; mit Österreich gegen Rußland; mit Frankreich, wenn dazu die Zeit gekommen ist. Das ist eine verzweifelt schwere Lage. In dieser Lage sollte ganz Deutschland einig sein wie ein Mann. Statt dessen bewirft man die aufstrebende deutsche Arbeiterschaft mit Steinen.

* * *

Es giebt keine Frage der äußeren Politik, die nicht auf die wichtigste unserer innerpolitischen Fragen zurückführte, nämlich auf die Nationalisierung der Sozialdemokratie. Darum sei es auch erlaubt, mitten in der Besprechung der Orientfrage einen Augenblick den Bosporus zu verlassen und heimische Schwierigkeiten zu beleuchten. Zwei Systeme ringen bei uns um die Herrschaft. Von der einen Seite hören wir, daß wir die ungeheuren Kraftanstrengungen, die unserem neudeutschen Staate bevorstehen, nur aushalten können, wenn wir die vaterlandslose Sozialdemokratie unterdrücken, von der anderen Seite, daß wir nur mit der intelligenten Masse unserer großstädtischen Arbeiterbevölkerung großdeutsche Politik machen können. Gegenwärtig ist die erste dieser beiden Ansichten maßgebend. Derselbe Kaiser, der im vollen Bewußtsein seiner hohen nationalen Verpflichtung im Orient gewesen ist und dort unsere eigenartig schwere Staatspolitik glänzend vertreten hat, hielt wenige Monate vor Damaskus die bekannte Rede in Oeynhausen, wo er die, die zum Streik aufreizten, mit Zuchthaus bedrohte. Bis jetzt ist Streik ein zwar gefährliches, aber gesetzlich erlaubtes Mittel des Arbeiters, seine Lage zu verbessern. Im Zusammenhang der Oeynhauser und der Damascener Kaiserrede liegt der Gedankengang: Machtpolitik ohne deutsche Arbeitermasse. Das halten wir für einen unausführbaren Weg. Man kann eine große und schwere Gesamtpolitik nicht durchführen, wenn man die wachsenden, aufstrebenden, hoffenden Volksgruppen nicht beteiligt. Wir Deutsche als Nation können nicht im Innern rückschrittlich sein und zugleich nach außen Fortschritte erringen wollen. Ist denn der Patriotismus der Masse gar nichts wert? Können nicht von der Wetterecke am Schwarzen Meer her Stürme kommen, wo wir jeden, jeden Mann brauchen? Dann soll mit einem Male der Metalldreher, der Porzellanarbeiter, der Cigarrenarbeiter, der Hafenarbeiter, der Zimmermann von unauslöschlichem, deutschen Patriotismus beseelt sein, dann soll er ohne zu zucken für seinen Kaiser in den Tod gehen. Der Mann, der kaum eine Zweizimmerwohnung im Vorort von Berlin oder Leipzig für seine Familie bezahlen kann, soll dann an der Prosna oder in den Rokitnosümpfen Posten stehen, er soll irgendwo unter halben Barbaren, deren Sprache er nicht kennt, mit zerschossenem Schenkel liegen, er soll für verwickelte politische Zwecke, die er kaum versteht, irgendwo in Galizien am Typhus sterben. Er wird seine Pflicht thun, aber wie er sie thut, hängt sehr davon ab, wie seine innere Stellung zu dem Staate ist, für den er sich hingiebt. Wenn er weiß, daß dieses Staates Glück sein Glück ist, und dieses Staates Kraft seine Kraft, dann wird der Arm elastisch und die Tragkraft heldenhaft. Man darf in der Politik die geistigen Mächte nicht unterschätzen. Lange und schwere Kriege werden nicht ohne sittliche

Energie gewonnen. Darum aber verstoße man einen großen tüchtigen Teil unseres Volkes nicht in die politische Hoffnungslosigkeit!

* * *

Wir denken gar nicht daran, die Fehler der Sozialdemokratie beschönigen zu wollen. Sie nennt sich selbst „international" und wie wir diese internationale Haltung beurteilen, haben wir schon in dem Satze gesagt: international ist englisch! Ob es theoretisch etwas anderes ist, kommt wenig in Betracht, in Wirklichkeit ist es Lahmlegung Deutschlands zu Gunsten der jetzigen ersten Macht der Erde. Mit der Sozialdemokratie als reiner Oppositionspartei nationale Politik ausführen ist ein Unding, aber darauf sollte die deutsche Staatsregierung mit aller Sorgfalt bedacht sein, die Beseitigung dieser trostlosen politischen Gesamthaltung der deutschen Arbeitermasse zu erleichtern. Das geht nicht ohne Entgegenkommen an die Wünsche der Arbeiter; ein Entgegenkommen aber ist möglich. Warum hat man in England keine die Staatspolitik hemmende Arbeiterpartei? Weil man bürgerliche Freiheit hat! Der Arbeiter weiß, daß er sich innerhalb des nationalen Hauses ebenso frei bewegen darf wie jeder andere Sohn der großen Familie. Das giebt ihm eine ruhige Sicherheit. Bei uns ist der Arbeiter das böse Kind, das alle Tage geschlagen wird. Später wundert man sich, wenn er der Familie keine Ehre macht. Man gebe ihm keine Extrarechte, aber die Rechte, die jeder andere hat, frei und unbeschränkt. Er mag sich organisieren, mag politisieren, mag innerhalb der Gesetzgebung für sich zu erreichen suchen, was er kann. Die Gewerkschaften sollen nicht schlechter dastehen als der Bund der Landwirte, und endlich soll es zu Ende sein, daß wir bei aller äußeren politischen Sorge noch stetig vom „inneren Feinde" reden hören. Ein solcher innerer Umschwung zum besseren wird bis an die Küsten Kleinasiens hin fühlbar werden, denn nur Nationen mit einer geistigen Einheit können es wagen, groß sein zu wollen. Wie traurig, niederdrückend wirkt es, wenn man zwischen Konstantinopel und Syrien fährt und sich dabei sagt: der Kaiser, der bald eben diese Strecke fährt, wird daheim von düsteren, volkshemmenden Gestalten umgeben! Wie könnte der Lauf der „Hohenzollern" licht und kühn sein, wenn nicht ein böses Gewitter am deutschen Himmel hinge! Oeynhausen und Damaskus — zwei Namen, die viel zu denken geben!

* * *

Ein deutsches Volk, das große Politik treiben will, muß einen Kaiser haben. Was fehlt denn jetzt den Franzosen im Ausland? Es fehlt der eine persönliche Mittelpunkt, nach dem alle blicken. Die Bilder von Felix Faure sind nicht das, was die Bilder Napoleons waren. Auch Kaiserpolitik kann gefährlich sein, aber ohne sie ist die Gefahr der vergeudeten Kraft viel größer. Selbst wenn wir im Innern, woran ich nicht glaube, ohne Kaiser auskommen könnten, jeder Blick ins Ausland ruft: Imperialismus! Wer weiß, ob nicht Nordamerika, wenn es fortfährt, äußere Politik zu treiben, kaiserlich wird, um dem Wechsel der sich ablösenden Präsidentschaftsgruppen zu entgehen? Sicher ist, daß die Königin von England und Kaiserin von Indien durch ihr einfaches Dasein ungeheures für ihre Nation leistet. Die Verschiedenheit der Verfassungen des größeren England kann nur darum getragen werden, weil über den Verfassungen ein fester, einheitlicher Punkt vorhanden ist. Imperialismus ist ja nicht Monarchie im alten Sinne. Ein Kaiser kann innere Freiheiten gestatten, da solche Freiheiten seiner Weltaufgabe nur dienen. Ein Kaiser kann sich von der Schicht des Landadels frei machen, wenn er mit ihr der Zukunft der ganzen Rasse nicht dienen kann. Kaisertum und Volkswahlrecht sind in einem modernen Großstaat keine Gegensätze, sobald Kaiser und Masse in der nationalen Grundstimmung einig sind. Wenn die Deutschen im Orient, in China, in Afrika und Südamerika für deutsches Leben wirken wollen, so müssen sie kaiserlich sein oder werden. Wenn der Kaiser an allen diesen Orten deutsche Zukunft pflanzen will, muß er Volkskaiser werden wollen wie 1890.

Das Kaiserschiff.

Solche Gedanken mußten uns durch den Kopf gehen, als wir Wilhelm II. in Jerusalem einreiten sahen. Das Volk in Fez und Turban sagte sich: hier kommt das Deutschtum geritten! Es sah in diesem Kaiser eine geschichtliche Macht von Millionen, die von Land zu Land vordringen. Das neueste Reich der Weltgeschichte stellte sich den Resten des ältesten Reiches vor. Man macht sich im Abendlande schwer einen Begriff, wie der Kaiserbesuch gewirkt hat. Er ist dort nicht etwa eine Episode, wie ungefähr ein Zarenbesuch bei uns, er ist ein Ereignis, an dem das an politischen Erlebnissen arme Volk viele Jahre zehrt. Der Bauer von Galiläa fragt sich: warum läßt unser Sultan dem deutschen Sultan eine teure Straße bauen? Der Araber der Wüste fragt: warum mußten tausende von Pferden zwischen dem Haurangebirge und dem Sinai nach Jerusalem? Die Scheiks am Jordan wollten Wilhelm II. als Schiedsrichter zwischen sich und dem Sultan brauchen. Damaskus vergißt nie, was der deutsche Kaiser dort geredet hat. Das ist der Vorteil einer Centralpersönlichkeit, daß sie mit wenig Mühe viel wirken kann. Eine Nation, die einen Kaiser hat, sammelt elektrische Kraft und giebt ihm den Drücker in die Hand. Ein leiser Druck bewegt weiten Umkreis, wenn die Elektricität stark ist. Ist es wahr, daß das moderne Wesen in der Centralisation und Konzentration der Kräfte besteht, dann ist es völlig modern, einen „ersten Diener des Staates" an der Centralstelle zu sichern, der sich erhält, indem er die Centralstelle erhält. Langer Fleiß kann nicht gut machen, was durch die Unterlassung des Kaiserbesuches in Ägypten versäumt ist. Wir glauben gern, daß die Engländer die Bombengeschichte aufgebauscht oder gar erfunden haben, denn ihnen wäre es zum Schaden gewesen, wenn der Freund der 300 Millionen Muhammedaner in Kairo hätte einziehen können. Einst fuhr die Kaiserin Eugenie als erste durch den Suezkanal. Wann wird Wilhelm II. am Nil sein? Vielleicht erst dann, wenn die Fellachen Ostelbiens zu Bauern geworden sind.

* * *

Unsere erste Aufgabe im Orient ist demnach: Staatserhaltung des osmanischen Reiches. Dieser Aufgabe müssen wir unter Führung unseres Kaisers ohne zu großen Enthusiasmus, der sich von selbst verbietet, mit Zähigkeit dienen. Mit der Staatserhaltung ist die beständige Stärkung des deutschen Elementes im Orient notwendig verbunden, denn ohne diese Stärkung verliert die politische Erhaltungsarbeit für uns an Interesse, und es fehlt zu ihr auch das Menschenmaterial, da mit osmanischen Kräften das osmanische Reich nicht mehr erhalten werden kann. Heute können wir kein Land von der Türkei brauchen, denn wir sind noch nicht stark genug, ein etwa gewonnenes Territorium zu kolonisieren und zu verteidigen. Die Zeit, wo wir große Griffe in die Weltgeschichte hinein thun können, ist noch nicht da. Überall aber und besonders in der Osthälfte der Mittelmeerländer müssen wir uns auf diese Zeit vorbereiten und dürfen keinen Mann für verloren halten, den wir an den Jordan oder an die Maritza werfen. Wir können es jetzt England und Rußland nicht gleich thun, aber wir besetzen Stationen für die Zukunft. Dieses muß planmäßig geschehen.

Unsere direkten Interessen im türkischen Reich sind zweifacher Art: Schutz der dort lebenden Deutschen und Vermehrung des deutschen Absatzes. Inbezug auf den Schutz der Deutschen erinnern wir an das, was wir über die Rechtsverhältnisse der Deutschen in Palästina sagten. Es bedarf sehr straffer, eifriger konsularischer Vertretung, wenn der türkische Beamte den Deutschen achten soll. Verbindliche Form und unerbittliche Konsequenz gehören zusammen. Da der Türke selbst etwas auf Form giebt, so muß er sich in dieser Hinsicht verstanden fühlen, zugleich aber muß er wissen, daß in dem Germanen ein Wille existiert, der schließlich stärker ist, als alle Bummelei und Dreherei orientalischer Faulheit und Schlauheit. Die Deutschen, die im osmanischen Reich sitzen, sind für uns ein nationaler Besitz, denn sie sind die lebendigen Anknüpfungspunkte unseres weiter zu pflegenden Handels. Es ist bis jetzt nicht übermäßig viel, was in der Handelsstatistik zwischen Deutschland und der Türkei verzeichnet steht, aber die Ziffern können wachsen. Wir drucken die Statistik von 1896 in ihren allgemeinsten Umrissen ab.

Schutz den Deutschen im Orient.

	Von der Türkei. Mark.	Nach der Türkei. Mark.	
Weizen	898 000	—	
Roggen	1 111 000	—	
Hafer	99 000	—	
Gerste	116 000	—	
Mais und Dari	33 000	—	
Kaffee	164 000	—	
Tabak	2 185 000	—	
Wein	536 000	—	
Bier	—		123 000
Eisenwaren:			
Halbfabrikate	—	1 641 000	7 359 000
Ganz grobe Waren	—	159 000	
Grobe Waren	—	2 126 000	
Feine Waren	—	3 433 000	
Baumwolle:			
Rohbaumwolle	3 000	—	
Garne	—	577 000	3 156 000
Waren	—	2 579 000	
Wolle und Wollenwaren:			
Wolle	5 000	—	
Wollengarne	—	77 000	4 014 000
Wollenwaren	504 000	3 937 000	
Seide:			
Seidenwaren	—	706 000	2 125 000
Halbseide	—	1 419 000	
Flachs, Hanf, Jute	—		35 000
	5 654 000 M.		16 812 000 M.

Diese, den Zusammenstellungen von Dr. Vosberg-Rekow entnommenen Ziffern geben ein recht interessantes Bild, in welchen Dingen die Türkei etwas leisten kann und in welchen sie aufnahmefähig ist. Fast nirgends sind wir Konkurrenten, nur im Gebiet der Wollenwaren besteht ein wechselseitiger Austausch, und auch hier würde nähere Prüfung wahrscheinlich ergeben, daß Konkurrenz im engeren Sinne nicht vorliegt. Es besteht das denkbar reinste Verhältnis des Austauschs von Bodenprodukten einerseits und Industrieprodukten andererseits. Daß die deutsche Ausfuhrziffer fast dreimal so groß ist als die Einfuhrziffer, wird sich nicht aus einem einzigen Grunde erklären. Es spielen hier Verschiebungen des Weltmarktes mit, die sich zahlenmäßig kaum kontrollieren lassen. Einen großen Teil des Überschusses unserer Ausfuhrziffer erklären aber zwei Umstände. Einmal ist ein Hauptabnehmer unserer Eisenindustrie der türkische Staat selbst, der die Kruppschen Kanonen mit Steuergeldern bezahlt, und dann wird unsere Einfuhr teilweise von deutschem Gelde bezahlt, das sich in der Türkei anzulegen sucht. Leider sind wir nicht imstande, ein auch nur einigermaßen genügendes Bild von dem auf türkischem Staatsgebiet arbeitenden deutschen Kapital zu geben. Soviel aber ist gewiß, daß deutsches Kapital die Rolle einzunehmen beginnt, die bisher das französische Kapital besetzt hielt. Noch waltet der Franzose vor, aber es scheint, als könne dem Deutschen die Zukunft gehören.

Damit man die angeführten Zahlen nicht überschätzt, geben wir für einige Hauptartikel unserer Ausfuhr die Gesamtausfuhr neben unserer Ausfuhr nach der Türkei:

	Gesamtausfuhr.		Ausfuhr nach der Türkei.	
Eisen	339 942 000	Mark	7 359 000	Mark
Baumwolle	221 081 000	„	3 156 000	„
Wolle	321 354 000	„	4 014 000	„
Seide	151 204 000	„	2 125 000	„
Bier	15 363 000	„	123 000	„

Die Türkei ist also jetzt noch lange kein großer Markt im Vergleich zu unserer Gesamtproduktion, aber sie hat Vorteile, die uns wenige andere Länder bieten: sie ist für uns ansiedelungsfähig und kann bei verändertem Wirtschaftssystem ihren Bedarf und ihre Leistungen ungeheuer vermehren. Je mehr sie gut agrarisch verwaltet wird, desto größer wird ihr Industriebedarf werden. Wir haben die Menschen, die zur besseren agrarischen Ausnutzung des türkischen Bodens helfen können, wie es in Palästina die Templer gethan haben, und wir können die gewonnenen Produkte gern als Zahlung für Maschinen, Kleiderstoffe und Luxusartikel annehmen, da wir doch einmal Zufuhr von Roggen, Weizen, Kaffee, Tabak und südlichem Wein brauchen.

* * *

An allen Rändern des Mittelmeeres sitzen Deutsche. — Glückauf, ihr Brüder, seid eifrig und regt euch! Dies alte Meer kann noch viel erleben. Ihr alle habt etwas vom deutschen Zukunftsleben in eurer Hand. Es ist nicht leicht, zwischen Armeniern, Griechen, Syrern, Türken, Franzosen, Russen und Engländern zu stehen. Aber ihr dürft um keinen Preis euren Posten aufgeben. Einst nannte euch das Vaterland seine in der Fremde verlorenen Söhne, jetzt, nach 1870 heißt ihr unsere Pioniere. Das Bild Bismarcks, das in euren Stuben hängt, soll euch an eurer nationalen Aufgabe festhalten. Aber auch das Bild des Gekreuzigten braucht ihr. Ohne treues Festhalten am christlichen Glauben der deutschen Heimat seid ihr gerade im Orient nur Spreu im Winde. Gott segne euch und eure Kinder! Das Vaterland wird es schon lernen, euch nicht zu vergessen!

* * *

Wenn die Deutschen den Osmanenstaat stützen wollen, so müssen sie arbeitende Kraft in ihn hineinwerfen. Diese Kraft ist Kapitalanlage im weitesten Sinn des Wortes: Menschen und Geld, Bauern, Handwerker, Militärs, Verwaltungsbeamte, Schienen, Banken, Maschinen. Alle diese

An die fernen Brüder.

Anlage muß, wie der Kaiser in Bethlehem sagte, in gewissem Sinn selbstlos gemacht werden, das heißt mit dem vollen Bewußtsein, daß sie sich gar nicht sofort rentieren kann. Wenn wir aber unseren jetzt starken Einfluß nicht zu Reformen benutzen, so wird er sich bald abnutzen. Es ist ein altes Diplomatenwort, daß es leicht sei, sich am Goldenen Horn festzusetzen, aber schwer, sich dort zu halten. Die Zielpunkte unseres Arbeitens scheinen zu sein: Militärreform, Finanzreform, Agrarreform. In der ersten Hinsicht ist schon viel geschehen, in der zweiten etwas, in der dritten so gut wie nichts. Dem Türken selber ist natürlich jede Reform unheimlich. Er wird sie nur ertragen können, wenn sie von seinem absolut sicheren politischen Freunde ausgeht, und auch dann kann er sie nur als das kleinere Übel im Vergleich zum Untergange seines Staates sich gefallen lassen. Es muß also eine Art freundschaftlicher Diktatur angebahnt werden, bei der es bisweilen heißt: „Vogel, friß oder stirb!" —

Ebensogut wie die Türken ihre Soldaten von deutschen Offizieren drillen und ihre Festungen von Krupp armieren lassen, könnten sie einmal etwas deutsche Verwaltungstechnik brauchen. Es sind 60 Jahre her, daß Moltke die militärische Reorganisation der Türkei begann, ein langsames aber nicht vergebliches Werk. Gern würden wir einige Landräte, die für unsere westeuropäischen Begriffe gar zu ostelbisch sind, an die Türkei abtreten. Dort öffnet sich für einen patriarchalischen Absolutismus ein weites dankbares Feld. Man denke sich an der Spitze der Verwaltung eines Landstriches wie Palästina nur einige feste, straffe, unbestechliche Beamte, die mit europäischer Schnelligkeit durchs Land reiten. Diese werden wie Satan verschrieen werden, aber wie Engel wirken, und schließlich wird der Padischah selbst merken, daß auch sein Geldbeutel besser wegkommt, wenn er solche Ordnungsstützen uns abborgt, denn heute lähmt nichts die Steuerkraft des Landes sosehr, als das herrschende, willkürliche und ungerechte System der Verwaltung und Steuererhebung. Mit einem Wort: der Türke ist nicht mehr imstande, eine den jetzigen Ansprüchen genügende oberste Schicht von Beamten zu stellen. Es fehlt eine gesunde, ehrliche Aristokratie. An Demokratie zu denken, ist bei dem Bildungsgrad der türkischen Völkerfamilie ein einfacher Unsinn. Stufen, die wir überwunden haben, müssen dort erst erklommen werden. Dort braucht man erst Friedrich Wilhelm I., ehe man weitere Schritte thun kann. Dort würde Herr von Stumm nicht ein ehrwürdiger Denkstein vergangener Anschauungen sein, sondern ein Fels, auf den ganze Provinzen sich aufbauen könnten. Er gehört ins Gebiet eines reellen, großväterlichen Absolutismus. O, wenn unser Kaiser unter seinen Geschenken ihn schenken wollte!

* * *

Der Anfang des deutschen Verwaltungslebens im osmanischen Reich kann nur mit Straßen und Eisenbahnen gemacht werden. Es gilt, die Luft des Abendlandes in die alten dumpfen Räume hineinzulassen. Jetzt hat die kleinasiatische Bahn noch immer ihre Konzession nicht erhalten. In dieser Angelegenheit dreht es sich keineswegs nur um das Geld der betreffenden Bahngesellschaft. Man denke sich ein deutsch geleitetes Bahnsystem von Konstantinopel über Kleinasien hin zum Euphrat und zum roten Meer! Das wäre das Erwachen alter versunkener Länder. Wenn ein solches System von uns geschaffen ist, werden wir im eigenen Interesse dem Armeniermord nicht mehr ruhig zusehen müssen, wie wir es jetzt mußten, wo wir zu schwach sind, um die Armenier zu schützen, ohne sie damit den Engländern auszuliefern. Wir müssen das Land wirtschaftlich von uns abhängig machen, um es später politisch „kontrollieren" zu können.

* * *

Indem ich dieses alles schreibe, weiß ich sehr gut, wie schwer es für einen Deutschen, der nur einen reichlichen Monat in der Türkei war, ist, etwas endgültiges zu sagen. Bücherstudium kann den langjährigen Aufenthalt nie ersetzen. Dennoch aber habe ich es gewagt, meine persönlichen Gedanken über die Orientfrage zu Papier zu bringen, da es eine tägliche

Eisenbahnen.

Erfahrung ist, daß man in Deutschland die schweren Probleme der deutschen Zukunft zu wenig ins Auge faßt. Unser Nationalsinn bedarf der konkreten Beschäftigung mit der äußeren Politik. Insbesondere wird die Umdenkung der sozialistischen Bevölkerungsmasse nicht möglich sein, ohne daß ihr der Zusammenhang der außerpolitischen Fragen mit unserem inneren Staatsleben und Wirtschaftsleben immer wieder vor Augen geführt wird. Es giebt keinen Allerweltssozialismus, aber es kann einen politisch wirksamen deutschen Sozialismus geben, der allen Volksgenossen Anteil am Gesamtertrage des nationalen Kampfes um den Platz auf der Erdkugel sichert. Wir treiben nicht Machtpolitik, nur damit etliche Ausfuhrgesellschaften mehr Dividende zahlen. Auch im Orient ringen wir um Brot und Leben der deutschen Millionen, die niemals aus ihren engen vier Wänden herauskommen. Nur in diesem Sinne ist eine groß angelegte deutsche Zukunftspolitik sittlich und praktisch berechtigt. Eine Klassenpolitik hat nicht das Recht, das Blut der Armen und Ärmsten zu gefährden. Hinter dem weißleuchtenden Gebäude der Deutschen Botschaft in Konstantinopel muß die Sehnsucht der deutschen Menge stehen: leben wollen wir, arbeiten und leben! Wenn wir diesem Gedankengange dienen, dann wollen wir es uns gern gefallen lassen, wenn bessere Kenner uns in Einzelheiten korrigieren. Ich schrieb nicht, um ein statistisch-geographisches Reisehandbuch den vorhandenen Büchern zuzufügen, sondern als deutscher, sozial denkender Patriot, ebenso wie ich die religiösen Teile dieses Büchleins schrieb als innig überzeugter Christ, dem es nicht leicht geworden ist, von der steinernen Urkunde des heiligen Landes sich harte Wahrheit predigen zu lassen.

* * *

So sind wir am Ende der Orientreise und ihrer religiösen und politischen Nachklänge. Noch einmal steigt die Fülle dessen vor uns auf, was wir sahen. Es ist viel Stoff darunter, der erst langsam sich mit bisher Gedachtem und Erlebtem verbinden muß. Manches, was wir geschrieben haben, wird von genaueren Sachkennern noch besser und richtiger dargestellt werden können. Uns war die Reise eine Bereicherung und Erweiterung des Geistes, vor allem aber eine Quelle landschaftlichen Genusses, die weit ins Leben hinein fortrinnen wird. Athen und Konstantinopel, Baalbek und Damaskus, Nazaret und Jerusalem, Kairo und Neapel, wir grüßen euch noch einmal, ehe wir die Feder niederlegen, und auch ihr alle, die ihr mit auf der „Asia" fuhret, wir grüßen euch! Wir haben etwas zusammen erlebt. Gott hat uns gnädig behütet. Nun geht die Arbeit in der Heimat wieder an. Es war genug der Ruhe und des Genießens. Auf, laßt uns schaffen! —

Abschied.

Druck von C. Grumbach in Leipzig.

FSC
www.fsc.org
MIX
Papier | Fördert gute Waldnutzung
FSC® C083411

Kolibri 360 GmbH
Ferdinand-Jühlke-Straße 7
99095 Erfurt, Deutschland
produktsicherheit@kolibri360.de